关于方法的知识才最有价值
用对方法，练就更强大脑。

世界记忆总冠军
高效记忆法

王峰 著

民主与建设出版社
·北京·

© 民主与建设出版社，2024

图书在版编目（CIP）数据

世界记忆总冠军高效记忆法 / 王峰著. -- 北京：民主与建设出版社，2024.3
ISBN 978-7-5139-4511-0

Ⅰ.①世… Ⅱ.①王… Ⅲ.①记忆术 Ⅳ.①B842.3

中国国家版本馆CIP数据核字（2024）第043702号

世界记忆总冠军高效记忆法
SHIJIE JIYI ZONGGUANJUN GAOXIAO JIYI FA

著　　者	王　峰
责任编辑	廖晓莹
封面设计	沐希设计
出版发行	民主与建设出版社有限责任公司
电　　话	（010）59417747　59419778
社　　址	北京市海淀区西三环中路10号望海楼E座7层
邮　　编	100142
印　　刷	北京世纪恒宇印刷有限公司
版　　次	2024年3月第1版
印　　次	2024年6月第1次印刷
开　　本	880mm×1230mm　1/32
印　　张	9.625
字　　数	224千字
书　　号	ISBN 978-7-5139-4511-0
定　　价	68.00元

注：如有印、装质量问题，请与出版社联系。

目 录

序 ▸ 科学用脑，高效记忆 _ 01

Chapter 1 · 语文

01 "三板斧"之文学常识 _ 002

02 连锁故事法之文学常识 _ 013

03 汉字的记忆 _ 023

04 易混知识的区分 _ 041

05 如何记忆诗词？_ 051

06 文言文实词、虚词的记忆法 _ 066

Chapter 2 · 英语

01 单词记忆的九大方法 _ 078

02 单词实战记忆 _ 109

Chapter 3 · 道德与法治

01 逻辑法之道德与法治 _ 124

02 定位法之道德与法治 _ 132

Chapter 4 · 历史

01 "三板斧"之历史 _ 142

02 连锁故事法之历史 _ 159

03 定位法之历史 _ 166

04 数字编码之时间记忆 _ 183

Chapter 5 · 生物

01 "三板斧"之生物 _ 196

02 连锁故事法之生物 _ 207

03 定位法之生物 _ 214

04 构图法之生物 _ 226

Chapter 6 · 地理

01 "三板斧"之地理 _ 240

02 连锁故事法之地理 _ 251

03 地理之地图记忆 _ 259

后记

如何科学地复习？ _ 271

序
科学用脑，高效记忆

在很多人眼里，记忆是一件很让人头疼、苦恼的事情，毕竟好不容易记下来的知识，等到用的时候发现回忆不起来，别提多让人懊恼了。

因此，好多人问我："王老师，为什么那些记忆大师、'最强大脑'，总是能够快速记住内容，并且还记得那么牢固？有什么方法能够增强我的记忆力吗？"这也正是我出版此书的初衷：让更多的人通过我分享的方法，增强记忆力。

首先，我要跟大家说明的一点是，我们所见过的记忆大师、"最强大脑"，他们之所以拥有强大的记忆力，并不是因为他们在记忆方面天赋异禀，而仅仅是因为他们掌握了正确的记忆方法，我本人也是一样。

我在训练大脑前也为记忆所困扰，记不住单词、记不住文章、记不住考试要考的知识点。我是在上大学后才开始真正去训练我的大脑，才拥有了现在这样的记忆力的。说实话，我当初之所以学习记忆方法，就是因为我觉得自己死记硬背的先天能力不是很好，想提高我的记忆力，结果训练后发现，原来人的记忆力除了先天就有的，还可以通过后天的一些方法、训练来提高。

我是在高考之后学习记忆方法的，所以我有时候会想，如果我在高考之前学习了，当年的学习或许就能够变得更轻松、更愉快。但是，现实生活哪有那么多如果，所以我现在想把我的方法分享给更多的人，让更多的人了解，原来提高记忆力是有一套系统、科学的方法的。把这些方法都掌握了以后，我们的学习、记忆过程就能够变得更加轻松、更加高效。

要想提高记忆能力，首先要知道我们的记忆问题出在哪里，有的放矢才能事半功倍。记忆是学习当中非常重要的环节。我们的学习大致分为三步：

第一步，理解，就是老师上课讲的东西能不能听懂。
第二步，记忆，就是老师讲的内容能不能记住。
第三步，运用。

很多同学都是在运用环节出了问题，需要用的时候不会用。然而，我们如果只盯着运用环节，会发现问题根本得不到解决。就好比医生诊断时如果只盯着病患表现出的症状是解决不了问题的，要去探寻到底是什么原因导致症状的产生，再针对原因用药。所以，当我们不会运用的时候，就要去解决"理解"和"记忆"这两个环节的问题。

高效记忆跟普通记忆在调动思维能力上的区别

记忆大师与"最强大脑"之所以能够记得更快、更牢,是因为他们会更加科学地利用自己的大脑。他们把大脑的各种功能都调动起来,让记忆变得更加高效。其实人与人的智商差别没那么大,主要的差别是对大脑的利用方法。

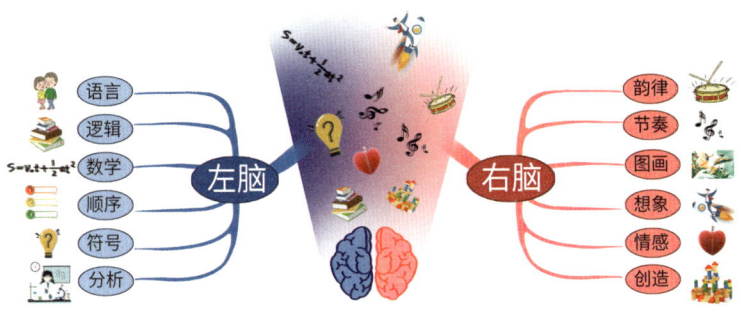

如上图所示,我们的大脑有多种维度的能力,在我们过往的学习和记忆过程中,用得最多的是语言、逻辑、数学、顺序、符号、分析这些能力,实际上,韵律、节奏、图画、想象、情感、创造这些能力也能够用来帮助我们记忆,而且这些能力属于人类进化过程中更加原始的能力。

人类有文字的历史也就 3000 多年,也就是说人类真正去学习文字、记忆文字的时间也就 3000 多年。可是人类从最早的古猿进化到现代人类,这中间有上千万年的历史,在文字出现之前,我们的祖先都是怎么去认知这个世界的呢?主要就是通过视觉的图像以及听觉的韵律、节奏等去了解和认知这个世界。这也就解释了为什么我们的大脑记忆图像会比记忆文字要容易许多。所以"聪明"的记忆方式是把文字转换成图像去记忆。如何转化呢？我们在后面的案例里会具体讲到。

所以，网上有一种说法是把我们的左脑称为"现代脑"，因为左脑拥有的这些能力是人类拥有了文字以后才逐步进化、开发出来的，它所经历的进化时间只有几千年；右脑称为"祖先脑"，因为它所存储的能力是人类更加原始的一些能力，可能这些能力已经进化了几百万年的时间，如果能够把这些能力都调动起来帮助我们记忆，那我们记忆起来就会变得更轻松。

网上还有一种说法，说右脑的储存量是左脑的10万倍。客观来讲，这个"10万倍"没有多少科学依据，因为没有哪项实验的数据表明右脑的储存能力是左脑的10万倍。但是可以明确的是，当我们把这些能力都调用起来后，我们的大脑就会变得强大很多，这也是高效记忆非常重要的一点。这好比原来我们记忆是用一条腿走路，功能都被调动起来后变成了用两条腿走路，这样我们就走得更快、更稳了。

当然有同学可能会有疑问：大脑有这么多的功能，我们每次记忆的时候都要用到吗？显然，这些能力的使用频率有高低之分，这里我帮大家总结了三种使用频率最高的思维能力，分别是图像思维、逻辑思维、联想思维。为什么是这三种思维能力呢？我们先来了解下大脑记忆的三种方式。

我们刚出生时的记忆，使用的是"形象"的那条路径，因为用这条路径记忆最直接，就是把看到的知识转换成图像记忆。我们刚出生的时候什么都不认识，父母告诉我们这是一个苹果、那是一个梨，我们记住了苹果和梨的图像，当我们再次看到苹果或梨的时候,就能叫出它们的名称。不光是这些实体物品,对于人脸和图标,婴幼儿时期的我们也是这样记忆的。

记忆路径图

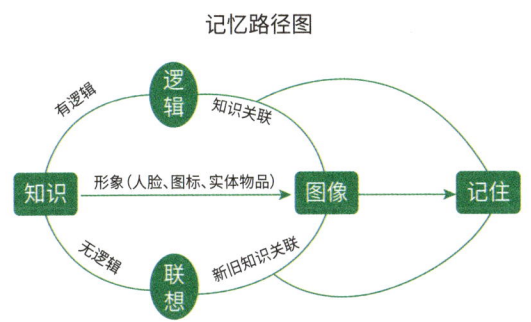

当我们稍大一点后,我们就会开始尝试第二条记忆路径,就是上图中"有逻辑"的那条路径。因为上了幼儿园、小学后,我们记忆知识,就会先理解再记忆。比如,记忆一个字,我们会先看它的偏旁部首,然后根据它的偏旁部首去记忆它;记忆一串文字,我们会先去分析文字内容的逻辑,然后根据逻辑记忆它。所以,针对这类知识点,我们通过找寻内容的逻辑关系,从而把它记住。随着我们理解和逻辑能力越来越强,这条记忆路径就会用得越来越多。

随着学习的深入,我们会发现,还有很多知识压根不存在逻辑。比如,某一年发生了什么事、某个国家的首都是哪里……类似这样的知识点本身没有逻辑。又如,记忆英语单词,几个字母凑在一起为什么就能表达某个中文意思?当我们找不到这些知识点的内在逻辑,可又必须把它们记住时,死记硬背在短时间内看似是有效的,但是要记住的内容一多,时间一长就会遗忘或者混淆。所以,针对这类知识点,可以通过联想,把新的知识跟我们脑海里已有的知识建立关联，也就是"以熟记新"，从而达到记忆的目的，这就是我们的第三条记忆路径。这也解释了为什么知识储备越丰富、基础越好的同学学习效率越高，因为一个新知识冒出来的时候，他们能够快速地将它跟自己脑海里已有的知识关联起来，所以吸收和消化知识的速度就更快。

这三条记忆路径分别对应的是图像思维、逻辑思维以及联想思维。当我们掌握了这三种思维能力后，我们在生活中遇到任何一类知识时，都有办法把它给记住。

三种思维如何帮助我们加深记忆？

我们以具体案例一起来感受一下，逻辑思维、图像思维以及联想思维是如何帮助我们提高记忆效率、加深记忆效果的。

一、逻辑思维

类似下面这样的知识点，大家死记硬背倒也能在短时间内记得七七八八，至于之后的记忆效果如何、时间长了会不会混淆，就因人而异了，但如果结合它们的解释，借助逻辑思维记忆，就可以加深对它们的记忆效果。

> **常见借代词语**
> 1. 桑梓：家乡　　2. 社稷：国家
> 3. 南冠：囚犯　　4. 三尺：法律

5. 同窗：同学　　6. 烽烟：战争
7. 巾帼：妇女　　8. 丝竹：音乐
9. 须眉：男子　　10. 婵娟、嫦娥：月亮
11. 手足：兄弟　　12. 汗青：史册
13. 伉俪：夫妻　　14. 布衣：百姓
15. 黄发：老人　　16. 桑麻：农事
17. 垂髫：小孩　　18. 桃李：学生
19. 膝下：父母　　20. 华盖：运气
21. 鸿：书信　　　22. 庙堂：朝廷

比如，"桑梓"指代家乡。古时候，房子的周围经常种些桑树和梓树，所以我们就用"桑梓"来指代家乡。

又如，"社稷"指代国家。"社"指土神，"稷"指谷神，古代君主会祭土神和谷神，所以用"社稷"来表示国家。

"南冠"为什么指代囚犯呢？这其实是有典故的，出自"南冠楚囚"，说是楚国攻打郑国，晋景公联合齐、鲁、宋、曹等国出兵帮助郑国对抗楚国，最终楚国大败，楚国的官员钟仪被郑军俘获，送给了晋国。一天，晋景公视察军中府库，看到了钟仪，问："南冠而絷者，谁也？"（那边戴着南方人的帽子、被绑着的人是谁？）官吏回答说："郑人所献楚囚也。"（是郑军献给我们的楚国俘虏。）楚国地处南方，"南冠"本来指的是被俘的楚国囚犯，只是后来慢慢泛称囚犯或战俘了。

"三尺"为什么指代法律？古代人把法律写在三尺长的竹简上面，所以就用"三尺法"来称呼法律，简称"三尺"。

其余我们就不一一解释了。从这些例子中我们可以看出，类似这样的知识点死记硬背不太好记，时间长了还容易混淆，可是经过解释，我们不光可以瞬间记住这个知识点，而且很容易加深印象，形成稳固的长期记忆。这就是逻辑思维帮助我们加深记忆的表现。

二、图像思维

一图抵千言，有了图片的帮助，我们记忆知识内容就会比较快捷和深刻。关于这一点，最显著的例子就是背英语单词。大家都有这样的体验，背单词时，如果只是单纯地去背字母组合、背中文意思，很容易会感觉枯燥、无聊；可若我们背诵时结合跟单词相关的图片，就比如我们最早学习 apple 时看着苹果的图片，学习 banana 时对应香蕉的图片，让每一个单词都在脑海中出现一个跟它相关的画面，我们自然而然地就会把这个单词跟这个形象对应在一起，从而达到轻松记忆单词的目的。为什么会有这样的效果呢？就是因为图像思维能够帮助我们记得更快、更好。

apple　　　banana　　　lemon　　　orange

其实英语国家的人也是这样学习英语的，只不过他们把英语学习放在日常生活中，但都是借助能够看得到的内容去学习，这就是我们总是提到的英语学习环境。

当然，记忆单词不止这一个诀窍。这里只是告诉大家图像思维有助于我们加深记忆，不光是英语学习，其余的学习也都适用。后面，我们还设置专门的章节向大家介绍单词记忆的九大方法，大家会发现，不光是我们之前学过的拼读法和音标记忆法，原来还有那么多记单词的方法。

三、联想思维

对于那些没有逻辑的常识性知识点，我们需要通过什么思维去加深和帮助记忆呢？比如，我们要记忆老挝的首都是万象这一知识点。

"万象"这两个字，我们能够想到"**一万头大象**"；"老挝"，我们把它处理一下，处理成"**老窝**"，可以想到"金窝银窝，不如自己的老窝"。这么一来，我们就可以联想到：

> **一万头大象** 回到了自己的 **老窝**。
> 　万象　　　　　　　　　老挝

同时，我们还可以在脑海中想象一下画面，这样记忆就会更加深刻、牢固。

在上面的记忆思路中，我们不光调动了图像思维，还调动了我们的想象力、创造力一起来帮助我们记忆，这种思维模式就是联想思维。它把我们要记的知识，通过想象和创造，跟我们熟悉的知识联系在一起，把不好记的变成好记的，这样我们再结合画面记忆就印象深刻了。

我们再试着一起记忆《清明上河图》和它的作者张择端。"张择端"这个名字对很多人来讲比较陌生。我们如何通过联想思维把这个不好记的组合变成好记的呢?

张择端:"张","**一张纸**"的"张";"择端",可以谐音处理为"**折断**"。

我们可以想到:

> 《清明上河图》绘制在一张折断的纸上。
>
> 或者:
>
> 绘制《清明上河图》的那一张纸被折断了。

这样,我们就能够记住《清明上河图》的作者是张择端。

所以,对于这种没有逻辑关系的知识点,我们借助联想思维,就可以把不好记的内容轻松、快捷地记忆下来。当然大家可能会觉得这里有个难点,就是如何进行文字的转换。大家先不用着急,我也为大家总结了文字转化的三个技巧,也就是文字处理的"三板斧"。我们会在后面的章节中按照学科分类,以案例的形式和大家一起探讨具体的使用方法。

文字处理三板斧

① 替换
② 望文生义
③ 谐音

四大记忆方法及其适用对象

前面我们举的例子都是简短的知识内容，基本上读一遍或几遍就可以当场记住，难的是长期记忆，而通过转化文字，记忆效果就会好很多。可是在我们的学习中，除了简短的知识外还会有很多长难知识点，对于那些内容，我们又应当采取什么记忆方法呢？

其实由三大思维还可以引申出四大方法，即逻辑法、构图法、连锁故事法以及定位法。这四种方法能够帮助我们记住一些长难知识点。我们分别来看一下，它们都可以用来记忆什么内容，又是如何帮助我们记忆的。

三大思维及四大方法

逻辑思维 → 图像思维 → 联想思维

↓ ↓ ↓

逻辑法　　构图法　　连锁故事法
　　　　　　　　　　定位法

一、逻辑法

通过寻找或是创建事物之间的内在逻辑，从而把知识记住的方法。

我们中学阶段课本上的知识点大部分是有逻辑的，毕竟无逻辑的知识学起来难度太大了。因此，记忆知识的第一步就是分析理解，只不过有些知识的逻辑很明显，大家一眼就能看出来，而有些知识就需要我们用心去挖掘，人为梳理出一条记忆的逻辑来帮助记忆，类似这样的思路在很多科目的记忆中都能用到。

可有的时候，我们要记忆的知识点是没有逻辑的，那我们应该怎么办呢？

二、连锁故事法

运用想象力或者创造力，通过给原本不存在逻辑关系的知识点构建起一个记忆的线索，把知识记住的方法。

通过定义我们可以知道，连锁故事法适合用来记一些不存在内在逻辑，或者我们找不到逻辑的内容。当遇到这类知识点的时候，我们可以通过连锁故事法，给这些知识点建立起一条记忆的线索，从而把它们给记住。

比如，莎士比亚的四大喜剧分别是《威尼斯商人》《仲夏夜之梦》《皆大欢喜》《第十二夜》，我们可以人为地建立一条记忆的线索：

> 威尼斯商人 在 第十二个仲夏之夜 做了一个 皆大欢喜 的梦。
> 《威尼斯商人》　《第十二夜》《仲夏夜之梦》　　　《皆大欢喜》

三、构图法

通过将要记忆的内容在脑海里构建成一幅有序的画面，或是画一幅简图来帮助记忆的方法。

有一些知识比较适合通过画一幅画，或者在脑海里面想象一个画面来帮助记忆，这个时候我们就可以用构图法来记忆了。什么样的知识点会比较适合用构图法记忆呢？最典型的是古诗词。大家想想，在我们学习古诗词时，老师在讲解的过程中最经常讲的一句话是什么？是不是"这首诗（词）记录了作者当年的所见/所思/所感/所想"？所以，我们在记忆诗词内容的时候，不妨把自己假想成作者，想象一下他当年看到的画面是什么样的，这样我们记起来就会轻松容易许多。这种方法也可以称为"诗情画忆背古诗"，就是通过在脑海里给每一句诗词所描绘的内容构建一幅记忆的地图，来帮助我们进行记忆。

我们以李贺的《马诗》为例，一起感受下绘制一幅记忆地图对我们记忆的帮助。

马诗
〔唐〕李贺
大漠沙如雪，燕山月似钩。
何当金络脑，快走踏清秋。

我们首先把诗的题目、作者和内容联系在一起。《马诗》的作者是李贺，诗的第一句是"大漠沙如雪"。我们把"李贺"倒过来念，可以想到"贺礼"；《马诗》我们提取"马"字；"大漠沙如雪"提取"大漠"。组合在一起，我们可以联想到：**把马作为贺礼，送去了大漠**。这相当于用连锁故事法，给《马诗》、李贺和大漠这几个原本没有直接逻辑关系的内容建立起了关联。

接下来我们看内容。我们需要在熟读的基础上，一边理解内容，一边在脑海中构建图画。古诗文的记忆都要在熟读和理解的基础上进行，如果连读都读不通顺，就先不用考虑背诵的问题了。

诗的第一句"大漠沙如雪",说的是大漠里的沙子像积雪一样。

诗的第二句"燕山月似钩",说的是悬在燕山上空的月亮像钩子一样。

诗的第三句是"何当金络脑"。这里的"金络脑"指的是用金子装饰的套在马头上面的辔头,一般是有大的功劳的人,比如说建功立业的将军才有资格使用。所以,诗的第三句是借用"金络脑"来表达作者对建功立业的渴望:我什么时候才能够获得皇帝的重用,给我的马佩戴上用黄金装饰的辔头。

诗的第四句"快走踏清秋",说的是作者希望在深秋的战场上驰骋,建立功勋。承接的是第三句,同样是作者的渴望。

这是一首画面感很强的诗,我们在理解诗歌内容的同时,就能够在脑海中建构起一幅记忆的地图。有人说:"我背古诗词的时

候也在脑海里形成画面了，可我还是记不住。"这里他很可能犯了一个小小的错误，就是他所构建的每一句的画面都是独立的、分散的、凌乱的，这会导致他在回忆的时候没有办法按照顺序把内容逐一回忆出来。所以说，采用记忆地图的方法非常重要的一点是，把每一句诗（词）所描绘的意境按照合理的空间排布，最终形成一幅完整的记忆地图。上一页这张图，是我在记忆《马诗》时脑海中构建的记忆地图。

最左边，写了"大漠"两个字，配合着白色的沙子，表现的是"大漠沙如雪"。

往右，写的是"燕山"，配合着一道弯月，表现的是"燕山月似钩"。

接着，一个手持武器、骑着佩戴黄金辔头的战马的将军，表现的是"何当金络脑"。

最后，马脚下的几片枯叶，表现的是"快走踏清秋"。

相比传统的死记硬背、反反复复地诵读，我们这样借助脑海中的记忆地图，就能一边欣赏画面，一边很轻松、愉快地把整首诗背下来。构图法能够帮助我们很好地记忆这类内容。

四、定位法

利用记忆宫殿的原理，把要记忆的知识进行定位记忆的方法。定位法有多种外化形式，比如地点定位法、标题定位法、熟句定位法、图片定位法以及身体定位法。针对不同的内容，我们可以选择不同的定位法来帮助记忆。

类似"货币的职能"这样的知识点，看起来就很抽象，如果记忆时只是死记硬背，很有可能在考试的时候明知是 5 条知识要点,但就是想不起最后一条是什么。所以针对这类知识点,我们可考虑使用定位法来帮助记忆。

> **货币的职能是什么?**
>
> 1. 价值尺度   2. 流通手段
> 3. 支付手段   4. 贮藏手段
> 5. 世界货币

采用定位法,我们首先要确定定位的核心。这里,因为我们要记忆的是货币的职能,所以可以借助一张 100 元纸币来定位记忆。

货币的第一个职能是价值尺度。纸币上标有数字,如果是 100,就代表着这张纸币能够买价值 100 元的物品,所以这个数字就代表着纸币的价值,也是衡量物品价值的尺度。在纸币上,我们就可以直接用数字来定位货币的价值尺度职能。

货币的第二个职能是流通手段。我们买东西,纸币就从我们手里转移到别人手里,这个过程就像水从这里流向那里一样,所以货币具有流通职能。水在水管里流动,我们在纸币左侧能够看到一个类似管子的元素,我们可以借助它来记忆货币的流通手段职能。

货币的第三个职能是支付手段。我们花钱买东西,体现的就是货币的支付手段职能。纸币上的数字 100 下面有几根柱子,我们可以把它们想成"支柱"。"支柱"和"支付"都有一个"支"字,所以我们可以用这三根柱子记忆货币的支付手段职能。

货币的第四个职能是贮藏手段。我们可以直接把钱储存在银行里，也可以把手里的物品卖掉换成钱存在银行里，这就是货币的贮藏手段。100元纸币后面的图案是人民大会堂，我们可以联想把物品藏在人民大会堂里，从而记住货币的贮藏手段职能。

货币的第五个职能是世界货币。这个很容易被大家忽略，其实很好理解，就以我们国家的钱为例，现在可以在很多国家直接使用，用来进行各种交易。它已经走出了国门，在世界市场上发挥作用，所以货币具有世界货币的职能。我们继续在100元纸币上"定位"，纸币上有阿拉伯数字、英文字母，等等，可以借此联想到世界，所以我们可以用它们来记忆世界货币职能。

这样，我们就在一张100元的纸币上进行了"货币职能"的定位记忆，当我们使用到这个知识的时候，只要根据纸币上的这些图案元素，按照从左到右的顺序写出来即可，而不是像以前那样一条条挤出来，也不会突然卡壳后心里蓦然一慌，影响到其余内容的发挥。

关于四大记忆方法，我们这里只是借助了一些案例，跟大家进行了简单的方法分享，后续我们会在正文中结合不同的学科特点，跟大家更详细地讲解遇到不同类型的知识内容时，我们应怎样具体使用这些方法。

记忆方法是越多越好，还是越少越好？

了解和学习了四大记忆方法后，可能有的同学迫不及待地想要学习更多"有效""实用"的方法。这里我想问大家一个问题：大家觉得掌握的记忆方法越多越好，还是越少越好？有些人肯定会毫不犹豫地回答"越多越好",理由是可以根据不同知识点的特点选择合适的方法记忆,方法越多,选择就越多。听起来很有道理,可事实真的是这样吗?

假如我现在有 100 种方法可以帮助大家提高记忆水平,先不说别的,大家想想,光是把它们全部掌握、熟练,就得花费多少时间呀。所以说,在够用的情况下,方法越少越好。大家千万不要掉进方法的怪圈里,觉得会的方法越多越好,要知道,真正能够为我们所用的是那些我们能够吸收、掌握的方法;不然学很多方法但是自己用得不熟练,这反而是对时间的浪费。

我在这里跟大家分享的方法技巧,是从众多方法里进行了筛选,最终沉淀下来的。对大家来说,掌握了这些方法技巧,就足以满足生活和学习中记忆的需求。就比如"三板斧",只要是简短的文学常识的记忆、抽象文字的转换,几乎都可以用它来解决,可以说,"三板斧"是我们处理文学常识的记忆问题时使用频率最高的方法。而四大记忆方法——逻辑法、构图法、连锁故事法以及定位法,可以帮助我们处理所有长难知识点的记忆问题,即使是语文的长篇文章记忆,也不在话下。

俗话说,"十样会不如三样好,三样好不如一样绝"。我们没有必要学习更多的方法,只要能把这几种方法用到极致,就会发现,原来这些方法不光对记忆语文、道德与法治、历史有用,在记忆地理、生物等学科时也同样适用。可以说,只要是用中文写的知识内容,我们都可以用这些方法来帮助我们记忆。

所以,在接下来的内容里,我会带大家将这些方法反复运用到各门学科里,直至大家熟练掌握这些方法,这样以后再面对别的知识内容,就可以游刃有余地去解决、去记忆。

"三板斧"之文学常识

无逻辑知识点的克星——"三板斧"

"对付"没有逻辑的知识点、抽象的知识点,可以使用"三板斧"。接下来,我将带领大家具体学习如何使用"三板斧"。

掌握"三板斧"这种方法,不仅能够帮助我们识记文学常识,还能够帮助我们记忆道德与法治、历史、地理、生物等学科的知识点,甚至这种方法在我们日后参加社会类考试时同样适用。"三板斧"就相当于我们学习上的一个基本功。

可能有的同学会觉得,直接记忆知识点就好,没必要多此一举使用"三板斧"。举一个简单的例子,下列题目,如果之前记忆的时候你没有使用"三板斧",现在是否还能选出正确答案?

下列诗人和雅称对应正确的一组是（　　）？

A. 李白——诗仙　　　　李贺——诗佛

B. 王昌龄——七绝圣手　　孟郊——诗豪

C. 贺知章——诗魔　　　　杜甫——诗圣

D. 王勃——诗杰　　　　　王维——诗佛

对于题目中涉及的知识点，如果我们不使用方法，只凭反反复复背诵去记忆，即便当时好不容易记下来了，一段时间后还是容易混淆。

为什么会出现这样的问题呢？这是因为在我们的脑海里并没有建立起一条可回忆的线索。当两个名词间存在着逻辑关联时，我们还能够通过逻辑线索去推理一下，如若它们不存在逻辑上的关联，我们就会特别容易遗忘。

在我们的学习中，大量的知识点是不存在逻辑上的关联的。比如，某一年发生了什么事、某个国家的首都在哪里、某个化学离子是什么颜色等这样的知识都是无逻辑的。

记这类知识点，我们就会觉得困难，还特别容易记混。而"三板斧"的作用就是帮助我们在两个名词间建立一条记忆线索，让我们日后一看到其中某一个名词，马上就能想起另外一个名词是什么，而不是像直接记忆那样，当时觉得记得很牢固，使用时能不能想出来完全靠运气。

"三板斧"是哪三板斧?

说了这么多,这"三板斧"究竟是哪三板斧呢?它们分别是**替换、望文生义以及谐音**。"三板斧"在我们记忆中文,尤其是记忆没有逻辑的知识点、抽象的知识点时,作用非常显著。

"三板斧"之一——替换

替换是我们平时运用最多的方法。

比如,我们敬爱的周恩来总理曾经写过一首《地名诗》:"两湖两广两河山,五江云贵福吉安,两宁四西青甘陕,还有内台北上天。"

诗中的"两湖"指的是湖南、湖北,"两广"指的是广西、广东。这种用一个字来替代原本要记忆的一个词,也就是用更加简单的内容来帮助记忆原本复杂一点的知识点的记忆方式,我们称之为替换。

周恩来总理的《地名诗》

两湖两广两河山:指湖南、湖北、广西、广东、河南、河北、山西、山东。
五江云贵福吉安:指江苏、浙江、江西、黑龙江、新疆、云南、贵州、福建、吉林、安徽。
两宁四西青甘陕:指宁夏、辽宁、四川、西藏、青海、甘肃、陕西。
还有内台北上天:指内蒙古、台湾、北京、上海、天津。

当我们遇到要记忆的内容是比较熟悉的，用一个字就能够回忆出全部内容的时候，就可以使用替换的方式。

"三板斧"之二——望文生义

望文生义指的是对要记忆的文字进行理解加工或者想象加工。 当我们看到某个名词或某个地名时，可以试着猜测它想表达什么，或是它背后有什么寓意。无论猜想是对还是错都没有关系，只要在脑海里对它进行了想象加工，那么我们记忆起来就会更加容易。

比如，我有个朋友的名字叫常国辉，他对自己名字的解释是"常常想要让国家辉煌"。

"三板斧"之三——谐音

谐音指的是利用文字读音相同或者相近的原理，将不熟悉、不好理解的知识谐音处理成好记、易懂的内容。 汉字博大精深，很多时候我们对一个字没有什么特别的想法，但是换一个思路，把它的发音稍微转换一下，或是用一个有着相同发音的字来替代，就会有意想不到的效果出现。

比如，有一年我去某地出差，当地有一个很有意思的广告叫"蟹天蟹地你来了"，我至今记忆犹新。那时正值秋季，刚好是吃大闸蟹的季节。

"题忘写"，用"三板斧"

知道了这"三板斧"是什么，那我们如何去记住它呢？我们可以将它概括成"题忘写"。

"题"——"替"，"替换"的"替"；"忘"——"望"，"望文生义"的"望";"写"——"谐","谐音"的"谐"。

将"替""望""谐"抽取出来,用的就是替换的技巧,但这三个字还是不好记忆,借助谐音,我们再次把它们处理成好记忆的"题""忘""写"。这样,我们就可以根据"题忘写",记住"三板斧"分别是替换、望文生义,以及谐音。

如何使用"三板斧"?

在"三板斧"的实战过程中,有时候是独立使用其中一种,有时候则是综合运用几种,接下来我们来实战一下。

Q 中国的第一部字典是什么?
A 《说文解字》。

看到这个题目,很多人的第一反应是《新华字典》,其实不是,《新华字典》是现代的产物,《说文解字》才是我国的第一部字典。我们如何通过望文生义来记忆它呢?我们可以对《说文解字》的名字进行解释,得到的结果就是——字典,这样我们就通过它的名字的表面含义,把它跟字典建立起了一个关联,完成了记忆。

Q 中国的第一部纪传体史书是什么?
A 《史记》。

首先,我们得弄明白什么是"纪传体"。"纪"表示记录的是跟帝王相关的事情；"传"表示记录的是普通人的事情。因此"纪传"这两个字，表示记录的是皇帝跟普通人的事情。所以怎么去理解《史记》这个名字呢？我们可以理解为记录历史就是记录皇上跟普通人的一些事情，这样我们就能够记住中国第一部纪传体史书对应的就是《史记》。

Q 中国第一部编年体史书是什么？
A《春秋》，相传是孔子依据鲁史编著而成的。

我们先来了解一下"编年体"。编年体指的是根据年份去编排历史事件的史书体例，它的特点是按照时间线索记录。

我国的第一部编年体史书是《春秋》。如何根据望文生义记住呢？我们看到《春秋》，立马就会想到春秋时期，想到春秋时期写编年体史书，记录春秋时期所发生的一些事情。把"编年体史书"跟"春秋"建立起联系。

我们还有另外一个思路。在古代，人们一般用春、秋这两个最重要的季节来表示一年的时间。既然编年体史书是按照年份编排的，那么"春秋"这个名字，我们望文生义，把它理解成**春天和秋天**。这个就是根据我们自己的想象去加工理解。

上面两种思路，不管采用哪种，只要能够把"《春秋》"跟"编年体史书"建立起一个唯一对应的关系，以后再看到"第一部编年体史书"，自然而然就能回忆起《春秋》。

针对这种常识类的知识点，我们如果不去处理它，就特别容易记串。但是有方法的话，记起来就会特别简单，而且不容易混淆。

中国四大古典名剧

《西厢记》《牡丹亭》
《长生殿》《桃花扇》

Q 《西厢记》的作者是谁?
A 王实甫。

针对这类知识点,替换显然不适用,因为"王实甫"这个名字大家不是很熟悉,用"实"或者"甫"来替代它都不太好记。那么望文生义是否可行呢?显然也不可行。"王实甫"这个名字,我们既无法理解它背后的含义,也无法赋予它新的含义来让它跟《西厢记》产生联系。这个时候,我们就可以采用谐音的方法。

《西厢记》,看到"西厢"两个字,我们立马能够望文生义想到"西边的厢房"。可如何将"西边的厢房"跟"王实甫"联系在一起呢?我们可以采用谐音的方法对"王实甫"这三个字进行一番处理,很容易就得到了"王师傅"这个词。这么一来,我们就可以把它们联系到一起了:

王师傅 住在 西边的厢房,写了一部《西厢记》。
王实甫　　　《西厢记》　　　　　《西厢记》

于是,我们就能够记住《西厢记》的作者是王实甫。

Q 《牡丹亭》的作者是谁？
A 汤显祖。

针对《牡丹亭》，我们可以取"牡丹"二字来替代《牡丹亭》，很容易就想到"周围种满了牡丹的亭子"。

而对于"汤显祖"，我们同样既不能用替换，也不能用望文生义。所以，我们依然采用谐音的方法。"汤显祖"，我们可以谐音处理成"汤现煮"，然后想象一下：

> 在一个 周围种满牡丹的亭子 里，汤现煮 着。
> 　　　　《牡丹亭》　　　　　汤显祖

通过这样一个场景，我们很容易就能记住《牡丹亭》的作者是汤显祖了。

Q 《长生殿》的作者是谁？
A 洪昇。

看到《长生殿》里"长生"两个字，我们立马会想到"长生不老"，而想要长生不老就需要吃补品，吃什么最有效呢？通过谐音的方法，我们把"洪昇"转化成"红参"，这样我们就把《长生殿》跟"洪昇"建立起了关联：

> 吃 红参，希望可以 长生不老。
> 　洪昇　　　　　　《长生殿》

Q 《桃花扇》的作者是谁?
A 孔尚任。

怎么将"孔尚任"跟《桃花扇》联系到一起呢?《桃花扇》,我们可以想象是"一把画着桃花的扇子";"孔尚任"可以谐音处理成"孔商人",就是一位姓孔的商人。把它俩关联起来,我们可以得到这样一个场景:

> 一个 姓孔的商人 卖给我一把 画着桃花的扇子。
> 孔尚任　　　　　　　　　　《桃花扇》

通过这个口诀,我们就能将《桃花扇》跟"孔尚任"关联起来记忆了。

小贴士

如何训练快速地找到合适的谐音词?

方法很简单,当你看到一个名词,不知道该把它谐音处理成什么的时候,可以借助拼音输入法,看它在发音相近的情况下会给你什么词语选项,然后看哪个比较容易让你跟标题产生联想,就选择哪个。练习得多了,慢慢地你就会反应得越来越快。

这种方法的适用范围很广,不光记中国四大古典名剧的作者有效,对于记忆国家首都、其他作品的作者同样有效。即使是下面这类知识点,用这种方法记忆起来也没什么难度。

Q 发明活字印刷术的是谁?
A 毕昇。

"毕昇",通过谐音,我们能够想到"毕生"。我们可以通过下面这句话给"毕昇"和"活字印刷术"建立起关联:

> **毕生** 都在研究 **活字印刷术**。
> 毕昇　　　　　　活字印刷术

正是有了毕昇对于活字印刷术的执着研究,我们现在才能够方便地出版各种书刊,进行知识的传递和传承。

Q 东汉时期,改进造纸术的是谁?
A 蔡伦。

蔡伦改进了造纸术,为我们现在方便地用纸张记录文字做出了巨大的贡献。可是如何用谐音给"蔡伦"和"改进造纸术"建立关联呢?

看到"蔡伦"的"伦"字,我们能够想到哪一个具体、形象的物品?是不是第一时间会想到"轮子"的"轮",或者"轮船"的"轮"?那么"蔡"呢?通过谐音,是不是可以把它处理成"彩色"的"彩"?"彩色的轮船"或者"彩色的轮子"要画在哪里呢?纸上。所以,通过这样的谐音关联,我们就能记住"蔡伦"对应的是"改进造纸术"。

如果我们对"蔡伦"这个名字比较熟,那就可以用一个"蔡"字来替代"蔡伦"。我们可以将"蔡"字谐音转化成"菜籽油"的"菜",也可以谐音转化成"才子"的"才",当然"裁纸"的"裁"也可以。或者我们也可以把"轮"跟"纸"组合在一起,成为"轮子"。无论我们用哪一个方法技巧,只要能给"蔡伦"跟"改进造纸术"建立起关联就可以了。

通过上述这些案例的实战记忆,我们可以得出这样的结论:在用"三板斧",即替换、望文生义、谐音记忆文学常识时,可以根据情况依次使用这三种方法进行记忆。

当看到特别熟悉的名称时,可以优先考虑使用替换的方式。

如果替换行不通,这个名词我们又不太熟悉,可以换成望文生义试一试,根据它的表面字义,或者赋予它一个新的含义,把它记下来。

如果依然行不通,就可以使用谐音的方法,这个方法一定可以。

只要方法用得对,最终你会发现,借助"三板斧",所有的文学常识都有办法记下来。

02 连锁故事法之文学常识

在上一节中，我们学习了如何使用"三板斧"对文学常识进行记忆，大家或许会发现，那些知识点都是两两相关联、相匹配、相对应的，可是我们平时记忆的文学常识很多时候都是一个问题下有五六条，甚至七八条信息（要点），并且这些信息间相对独立，没有逻辑关系。比如：三皇五帝指的是哪三皇、哪五帝？五谷是哪五谷？又如：战国七雄是哪七雄？十二时辰对应的是哪十二种动物？针对这样的知识内容，"三板斧"就有些不太适用了，这个时候我们就可以用连锁故事法来帮助记忆。

连锁故事法，就是把那些不相关的信息中比较容易组合在一起的，两两优先组合、连锁在一起，再把这几个片段综合成一句话或者编成一个故事，来帮助我们记忆的一种记忆方法。而连锁故事法的第一步"组合连锁"，又需要用到我们的"三板斧"。

> **小贴士**
>
> 连锁故事法的适用范围：题干下有多条要记的信息，并且这些信息彼此间没有联系、没有逻辑关系。这个时候就适合用连锁故事法来进行记忆。
>
> 连锁故事法的思路是连锁+故事。

如何使用连锁故事法？

如何在记忆过程中运用连锁故事法的思路和技巧呢？我们可以用下面的习题来做个范例。

选一选

杜甫的"三吏"是（　　）。
A.《新安吏》《潼关吏》《石壕吏》
B.《新安吏》《临潼吏》《石壕吏》
C.《长安吏》《潼关吏》《石壕吏》
D.《长安吏》《临潼吏》《石壕吏》

杜甫的"三别"是（　　）。
A.《离家别》《新婚别》《垂老别》
B.《无家别》《新婚别》《垂老别》
C.《离家别》《新婚别》《将老别》
D.《无家别》《新婚别》《将老别》

杜甫是唐代伟大的现实主义诗人，被尊为诗圣；他的诗广泛而深刻地反映了社会现实，被称为诗史。他著名的"三吏三别"是我们中小学学习阶段需要重点掌握的一个知识点，具体是哪些作品呢？

"三吏"分别是《潼关吏》《石壕吏》《新安吏》。

"潼关""石壕""新安"其实是三个地名，但如果我们只是把它们当作地名，用连锁故事法把它们变成一句有意义的话或是编成一个故事时，我们会发现不太容易把它们联系在一起。

我们可以变换一下思路。在这三个地名中，"潼关"读起来更像是地名。而我们编一句话或是一个故事时，最好是围绕着一个主人公展开。其中，"石壕"更像是人物名。借助之前讲解的"三板斧"中的望文生义，我们可以将剩下的"新安"联想到"新安排"。这样，我们就可以把它们变换为："石壕"（人名）、"潼关"（地名）、"新安排"。我们根据连锁故事法把它们编成一句话，就得到了：

> **有一位官吏 新安排 了 石壕 去 潼关 做生意。**
> 　《新安吏》　《石壕吏》《潼关吏》

这样，我们就将"三吏"跟这三个名词建立起关联了。

我们也可以借助"三板斧"中的谐音方法，将"新安"转化成"心安理得"的"心安"。这样，我们又可以得到：

> **石壕 心安 理得地去 潼关 上任。**
> 《石壕吏》《新安吏》　　《潼关吏》

所以，借助连锁故事法，我们可以把这三个名字很好地组合、连锁成一句话，从而记住"三吏"分别是《潼关吏》《石壕吏》和《新安吏》。

"三别"分别是《新婚别》《垂老别》《无家别》。

"新婚""垂老""无家",这三个词借助连锁故事法,很容易组合连锁成:

> **新婚 了都 无家 垂老。**
> 《新婚别》　《无家别》《垂老别》

通俗点说就是:你结婚(新婚)了,买不起房,你都还没有家(无家)就快老了(垂老)。虽然很现实,但是我们记住了《新婚别》《垂老别》和《无家别》。

当然,这三个词也可以有别的组合,比如"无家新婚垂老",就是**"没有家去结婚就垂老(将近老年)了"**,我们同样也可以记住《无家别》《新婚别》和《垂老别》。

> **小贴士**
>
> 连锁故事法的核心点:把主要信息变成一句好理解的、有意义的话,或者一个故事。至于这些信息的顺序,可以根据自己的思路去调整。

选一选

杜甫的"三吏"是（ ）。
A. ✓《新安吏》《潼关吏》《石壕吏》
B. 《新安吏》《临潼吏》《石壕吏》
C. 《长安吏》《潼关吏》《石壕吏》
D. 《长安吏》《临潼吏》《石壕吏》

杜甫的"三别"是（ ）。
A. 《离家别》《新婚别》《垂老别》
B. ✓《无家别》《新婚别》《垂老别》
C. 《离家别》《新婚别》《将老别》
D. 《无家别》《新婚别》《将老别》

通过以上方法帮助记忆，我们就可以准确而快速地选出答案："三吏"一题的正确选项是 A；"三别"一题的正确选项是 B。

连锁故事法的应用

学习了连锁故事法的思路和记忆技巧，我们可以试着记忆一下中国的四大民间传说、三皇五帝以及五谷。

Q 中国的四大民间传说是什么？
A 《牛郎织女》《梁山伯与祝英台》《孟姜女》《白蛇传》。

依照刚才的思路，我们同样把这四部作品中容易组合的优先关联在一起。《牛郎织女》我们取"牛郎"；《梁山伯与祝英台》，我们可以取"梁山伯"，也可以取"梁祝"，具体取哪一个我们稍后做分析；"孟姜女"本身就是一个人物；而《白蛇传》我们取"白蛇"。这样，我们就得到了："牛郎""梁山伯（梁祝）""孟姜女""白蛇"。

017

如果将"孟姜女"跟"白蛇"关联在一起,我们可以想到的是:"**孟姜女怕白蛇**"。这条白蛇从哪里来?看其余的词,"牛郎""梁山伯"或者是"梁祝",这里显然"梁山(伯)"更合适。这样,我们的这句话就可以扩充为:"**孟姜女怕梁山上的一条白蛇**"。还有"牛郎"我们未关联,"牛郎"出现的话会如何?会帮助孟姜女把蛇赶走。如此我们最终就得到了这样一句话:

> **牛郎 帮助 孟姜女 赶走了 梁山 上的 白蛇。**
> 《牛郎织女》　《孟姜女》　《梁山伯与祝英台》《白蛇传》

这个关联组合不是唯一的,每个人都可以从自己的记忆习惯出发,选取更适合自己记忆的关联组合,以达到记忆的目的。

Q 三皇五帝分别是谁?

A 三皇是伏羲、女娲、神农。五帝是太皞(hào)、炎帝、黄帝、少皞、颛(zhuān)顼(xū)。

自古至今,三皇五帝有很多不同说法,这里我们不做学术探讨,只把它作为我们的一个记忆素材,讲解记忆此类文学常识时我们应该采用何种思路。

三皇是哪三皇?我们分别从"伏羲""女娲""神农"中取一个关键字,得到"伏""女""神"。我们可以把它们组成一句话:

> **三皇 服 女 神。**
> 三皇 伏羲 女娲 神农

这样，我们就轻松记住了三皇指代的是伏羲、女娲、神农。

五帝又是哪五帝呢？太皞、炎帝、黄帝、少皞、颛顼，对于这些我们不太熟悉的名字，我们该如何去记忆呢？根据连锁故事法的第一步，我们将其中容易组合的优先组合在一起，"炎帝"和"黄帝"，我们容易联想到"炎黄子孙"。"太皞"跟"少皞"组合在一起，我们取"太"字和"少"字，就组合成了"太少"。剩下的"颛顼"怎么记呢？我们需要借助"三板斧"来处理一下。替换对于这个我们不熟悉的"颛顼"显然行不通，望文生义也望不出什么来，那只能采用谐音的方法了。"颛顼"，我们能够想到"专需"，专门需要。这样，我们就可以从这五个人物名字中得到"炎黄""太少""专需"，试着将它们组成一句话：

> **炎黄 专需 的东西 太少。**
> 炎帝、黄帝　颛顼　　　　太皞、少皞

我们还可以换一种思路，把"炎帝"和"黄帝"借助"三板斧"的谐音方法处理成"黄炎（黄岩）"，可以联想到黄色的岩石。结合"专需"和"太少"，我们可以这样想：这种专门需要的黄色岩石太少了，它有一定的特殊价值。这样我们就可以得到：

> **五帝 专需 的 黄岩 太少。**
> 五帝　颛顼　黄帝、炎帝　太皞、少皞

于是我们可以快速而准确地记住五帝指的是：颛顼、黄帝、炎帝、太皞、少皞。

Q 五谷是哪五谷？

A 稻、黍、稷、麦、菽。

有一句古话叫"四体不勤，五谷不分"，原本是说那些不参加劳动的人分辨不清五谷，但是很多现代人也分不清五谷是哪五谷，甚至连黍、稷、菽都不太认识。

黍，读 shǔ，我们学过的孟浩然的《过故人庄》的"故人具鸡黍，邀我至田家"中就有这个字。黍其实就是黄米，是当时人们的主要粮食作物之一。"故人具鸡黍"，就是故人准备好了鸡和用黄米煮的饭，邀请孟浩然到他家。我们要怎么记住"黍"这个字呢？"黍"，"黄米"，我们将"黍"和"黄"组合在一起，很容易想到"黄鼠狼"，或者是"数黄米"，这样我们就可以记住"黍"对应的是"黄米"。

稷，读 jì，其实就是我们经常吃的粟，俗称小米。稷在我国的栽种历史非常长，有七八千年，是古人由野生稷驯化而来的。稷也是我国古代非常重要的粮食作物，被称作百谷之长，后演变为五谷之神，和土神合称"社稷"，成为国家的代称，可见稷在古代社会的重要性。我们要怎么记住稷指的是粟，也就是小米呢？把"稷"和"粟"组合在一起，根据谐音，很容易想到"技术"，种小米需要技术，这样我们就把"稷""粟""小米"这三者关联在一起，从而记住：稷，又称粟，俗称小米。

菽，读 shū，是豆类的总称。"菽"和"豆"怎么关联？我们可以用"三板斧"中的谐音将"菽"转换成"叔叔"的"叔"，由此联想到：有一位叔叔喜欢吃豆子。我们也可以把"菽"转换成"输赢"的"输"，那样我们可以得到：输了一些欢乐豆。这样我们就记住了:"菽"是豆子的总称。

稻和麦,就是我们现在很常见的水稻和小麦,就不做具体分析了。

我们知道了五谷分别指的是什么,那如何记住五谷就是稻、黍、稷、麦、菽呢?还是要用到我们的连锁故事法,优先把能够组合的组合在一起。

"稻"跟"黍"组合,我们能够想到"倒数";"稷"跟"麦"组合,没有想到什么特别的词语,暂时搁置;"菽"跟"稷"组合,可以想到"书记"。书记干什么会倒数?"麦"可以谐音成"卖","卖东西"的"卖"。现在网络直播卖货很火,我们可以据此联想一下:书记在网络上直播卖五谷,但是因为没有经验,销量倒数。简单记作:

书记卖五谷**倒数**。

书(菽)	豆类总称
记(稷)	小米
卖(麦)	小麦
倒(稻)	水稻
数(黍)	黄米

借助这样一句话,我们就能把五谷很好地记下来了。

通过对本节内容的学习,我们可以看出,针对一些没有逻辑的知识点,我们可以用连锁故事法把它们穿在一起记忆。连锁故事法的使用思路:

第一步，把能够组合在一起的词优先组合、连锁。

第二步，把组合、连锁在一起的片段合成一句有意义的话，或者一个有意义的故事。

第三步，反复练习记忆，最终将知识内容牢固地记下来。

其中，最为重要的第一步"组合连锁"需要借助之前学到的"三板斧"。当熟练掌握连锁故事法后，我们会发现记忆那些看似无逻辑、无关联的知识内容还挺有意思的，它们没有想象中那么难背。

03 汉字的记忆

我们在考试或写作业时,经常会遇到明明认识的汉字就是写不出来,或者想不起它读什么的情况。在具体探讨应对方法之前,我们先要根据汉字的读写情况,了解汉字记忆中存在的以下几种问题。

一是会读不会写,顾名思义,就是这个汉字会读,但写的时候有可能写错。

二是会写不会读,主要是一些写起来比较容易,但是大家不一定会认、会读的汉字。

三是不会写也不会读,这一类问题情况比较复杂,我们可以针对具体汉字具体分析。

其实这些问题我们不光会在学习中遇到,日常生活中也会经常遇到,那我们可以采用什么思路去应对这些问题呢?在这里,我用一些具体的案例,向大家展示连锁故事法是如何有针对性地解决汉字记忆中存在的这三大问题的。

会读不会写

记忆思路：把偏旁部首用连锁故事法进行串联。

提笔忘字很多时候就是这种状况，往往脑海中有某字的大致轮廓，可是细节忘得一塌糊涂。针对这类情况，我们平时在记忆汉字时可以采用什么方法呢？

"言简意赅"

"言简意赅"这个词，很多人都能顺畅地读出来，但是书写的时候，很多人不会写其中的"赅"字，尤其是对它的偏旁部首印象极为模糊，究其原因是没有记住它的字形。

"言简意赅"这个词在《现代汉语词典》（第7版）中的解释：言语简明而意思完备。其中的"赅"字的解释：完备、全。如何记住它是"贝"字旁的呢？我们可以联想到一句话——"准备的贝壳应该很全"，以此来提醒自己记住"赅"的偏旁部首是"贝"。如果还有人不认识"赅"这个字，不知道它应该读什么，我们根据这句"准备的贝壳应该很全"，也可以记住它的发音是gāi，与"应该"的"该"同音。同时，根据这句话，我们还记住了"赅"的解释是"全"。

> 准备的 贝 壳应 该 很 全。
> 　　　　部首　　读音　字义

"草菅人命"

"草菅人命"也是一个典型的大家会读但是不一定写得对的词，主要是其中的"菅"字需要大家重点记忆书写。

"草菅人命"这个词在《现代汉语词典》(第7版)中的解释:把人命看得和野草一样,指任意残杀人民。菅是一种多年生草本植物。如何记住"草菅人命"中"菅"字的字形呢?我们可以把"菅"字拆分成"艹"和"官",进而联想到:

草 率的 官 员会草 菅 人命。
艹   官   菅

或者:**草率的官员会把人命看得像野草一样。**

这样,我们就能记住"菅"字的字形了。

通过记忆上面的"赅"字和"菅"字,我们可以发现:对于这种我们会读但是不会写的字,我们可以把它的偏旁部首拆开来,然后用一句话对拆解后的汉字部件进行串联,这样就可以很好地记忆汉字,其实就是借用我们前面讲解的连锁故事法来记忆。接下来,我们可以练习使用这种方法来记忆"裹"字。

"裹"字大家都认识,可是很多人会写错。我们仔细看一下这个字的字形,上面的"亠"和下面的"衣"可以组成"衣"字,而中间是"果子"的"果"字,所以我们可以把"裹"字拆成"衣"和"果"两部分。仅仅到这里还不够,我们还得记住"裹"字的书写结构:"果"字包含在"衣"字中间。通过下页这幅画,我们可以很好地记住"裹"的字形和含义。

一些水**果**被包**裹**在一件**衣**服**中**间。

所以,借助连锁记忆法,我们可以记住"裹"字的写法是在"衣"字的中间插入一个"果"字。

所以，遇到会读不会写的汉字，我们可以把它的偏旁部首拆开来，然后将拆出来的几部分串联成一句有意义的话，以此来快速记忆汉字。

会写不会读

记忆思路：借助同音字记忆。

有些字写起来很容易，但是我们不一定能读对。对于这类字，我们怎样记忆呢？

"焱"

"焱"字写起来很容易，就是三个"火"架在一起，可是它读什么，很多人就不知道了。"焱"，读 yàn，与"火焰"的"焰"同音。我们可以想象，当有三把火一起燃烧的时候，火焰（焱）一定非常大，简单来说就是：

> 三把火，火焰很大。
> 字形焱　　读音 yàn

如此，我们就能记住"焱"读 yàn。

所以，对于这种我们会写但是不会读的字，我们可以借助一个同音字来记住它的读音。

"淼"

"淼"，三个"水"，读 miǎo。根据借助同音字的方法，我们能够想到与水相关并且读 miǎo 的汉字是"渺"，它的组词有"烟波浩渺""希望渺茫"等。根据这些词语，我们可以与"淼"进行联想：三个"水"意味着水非常多、水面面积非常大，水非常多、水面面积非常大的地方看起来就烟波浩渺。这样我们就能够记住"淼"的读音。我们还可以进行别的联想，比如：发大水了，掉进去后获救的希望很渺茫；水面面积非常大，站在旁边的人显得很渺小；诸如此类。方法是一样的，我们可以根据各自的记忆习惯选择适合自己的记忆方式帮助记忆。

"陂"

> **村晚**
> 〔宋〕雷震
> 草满池塘水满陂，山衔落日浸寒漪。
> 牧童归去横牛背，短笛无腔信口吹。

"草满池塘水满陂"一句中的"陂"字写法很简单，很多同学在刚接触这首诗时很容易记住"陂"字的写法，那如何记住它的读音呢？"陂"，读 bēi，在《现代汉语词典》（第7版）中"陂"有三种解释：①池塘。②水边，岸。③山坡。在这句诗中，"陂"显然是"水边，岸"的意思。发音为 bēi 的汉字中，我们最为熟悉的是"杯子"的"杯"。"草满池塘水满陂",长满草的池塘里的水满到岸边来了,我们可以联想"水满池塘就像是水满杯一样",这样我们就能记住陂的发音是 bēi。

总的来说,对于这种我们会写但是不会读的字,我们的处理思路是借助一个同音字来记忆它的读音。

不会写也不会读

记忆思路:把偏旁部首以及同音字用连锁故事法进行串联。

在前面讲的两种情况中,我们要么会读不会写,要么会写不会读,至少在读、写间会一样,可要是我们两者皆不会,那又该怎么办呢?

古人给汉字的结构和使用方法归纳出了六种条例,称为"六书",分别是象形、指事、形声、会意、转注和假借。前面四种是造字之法,后面两种是用字之法。我们在这里只讲解汉字识记涉及的四种造字之法。

象形字,是用临摹事物形象的方法造出来的字,形与义结合得非常形象,这部分汉字占比非常少,仅有汉字总量的 5% 左右,而且很容易辨认。指事字,大多是在象形字的基础上加上或减少一个笔画或符号得来的,这部分汉字的特点是弄懂字义也就记住了字形。这两部分汉字几乎不会存在"既不会写也不会读"的状况,所以我们将重点讲解形声字和会意字中如果出现了"既不会写也不会读"的状况,应该采用何种记忆思路。

形声字

　　什么是形声字？形声字就是由两个文或字复合成体，其中的一个文或字表示事物的类别，而另一个表示事物的读音。在我们的汉字中，80%以上的字都是形声字。我们说的偏旁部首，大都是取形声字的形旁表示每个字所属的类别、所表达的含义，而该字的另一部分则表示该字的发音。我们可以一起来看一下常见形旁的含义。

植物类		
形旁	意义用途	例字
艹	表示与草本植物有关	花、苗、荷、苹、苟……
木	表示与树木有关	桦、杨、柏、植、栖……
竹	表示与竹子有关	笋、竿、篱、箫、簇……
豆	表示与豆类有关	豌、豇、鼓……
禾	表示与禾苗、农作物有关	种、秋、秀、穗、黍……

　　植物类形旁中，属于"艹"部的字，通常跟草本植物相关；属于"木"部的字，大都跟树木相关……

动物类		
形旁	意义用途	例字
虫	表示与虫类有关	蚁、蝉、蚕、蝇、蚓……
鱼	表示与鱼类有关	鱿、鲨、鲍、鲵、鲅……
鸟	表示与鸟类有关	鸡、鸭、鹅、鹭、鸢……
犭	表示与哺乳类有关	猫、狗、狼、狐、狮……
马	表示与马有关	驶、驾、驭、驮、驹……

　　"虫""鱼""鸟""犭""马"部的字，往往是跟动物相关的。

静物类		
形旁	意义用途	例字
山、阝	表示与山、土山有关	峡、峭、嵘、险、陂……
氵、冫	表示与水、冰有关	江、河、海、凌、凉……
贝	表示与钱财有关	财、赠、贱、货、贬……
刀、刂	表示与刀有关	分、切、划、剁、刮……
户、广	表示与房屋、建筑有关	房、扉、扇、庐、店……
宀、冖	表示与覆盖有关	守、室、宫、冠、冢……
火、灬	表示与火有关	烟、燃、炸、照、熏……

"山""贝""氵""宀"等部的字，都是跟静态的物品有关的。

行为类		
形旁	意义用途	例字
口	表示与嘴、声音有关	吹、喊、吃、吟、喑……
讠	表示与说话、语言有关	诉、记、证、词、谈……
扌	表示与手的动作有关	提、打、扛、拨、捶……
亻	表示与人有关	仆、仃、仁、佬、侍……
忄、心	表示与心情、情绪有关	情、悔、恨、忍、忌……
辶	表示与行走有关	还、远、迟、运、迷……
足	表示与腿的动作有关	跑、跳、蹬、踹、蹲……
目	表示和眼睛有关	眺、盯、看、瞧、瞟……

部首为"口""讠""扌""亻""辶"的汉字，往往跟行为有关。

　　了解这些内容后，我们一起来看一些形声字的案例，看看在既不会写也不会读的情况下，我们要如何识记这些汉字。

游园不值

〔宋〕叶绍翁

应怜屐齿印苍苔，
小扣柴扉久不开。
春色满园关不住，
一枝红杏出墙来。

"扉"，读 fēi，表示"门扇"的意思。它的形旁是"户"，由前面的表格我们可以知道，"扉"与房屋、建筑有关；而"非"是"扉"的声旁，"非"与"扉"同音；同时"非"的形状也有点类似古代的门，都是左右对称、可以开合的样子。

根据"扉"的部首"户"和它的同音字"非"，我们可以联想到：

一 **户** 人家里长得像"**非**"一样的东西就是 **门扇**。

字形：户 + 非　　　　读音　　　　字义

通过这个方式,我们就记住了"扉"字的字形、读音和字义。

喑

己亥杂诗(其一二五)
〔清〕龚自珍
九州生气恃风雷,
万马齐喑究可哀。
我劝天公重抖擞,
不拘一格降人才。

"喑",读 yīn。它的形旁是"口",表示"喑"字跟说话、发声相关;右边的"音"是声旁,读音与"喑"的实际读音一致。这里的"音"是半表音声旁,与字义也有一定的关系。那"喑"字是什么意思?嘴巴里的声音消失了,就表示"安静,没有声音"。"万马齐喑究可哀",就是万马都停止了发声,安静下来,即"喑"表示"缄默,不作声"的意思。这样,我们就了解了"喑"的读音和它的意思。

像"扉""喑"这样规律的形声字,我们直接按照声旁读即可,但是我们学的汉字大部分是不规律的,读的是近似音。

它们有的读音和声旁的声母、韵母相同但是音调不同,比如"唱""放"等。

有的读音和声旁的声母相同、韵母不同,比如"浪""灯""煤"等。

有的读音和声旁的韵母相同、声母不同,比如"汗""红""河"等。

有的声旁不能表音,比如"海""熊""辉"等;有的甚至已经看不出声旁了。在这些情况下,如果我们还读半边(读声旁),那读音肯定是错的,所以遇到类似的情况,我们就可以把字的读音和它的偏旁部首串联起来记忆。接下来,我们通过不同的形声字案例,具体看一下这些类型的汉字的记忆思路。

> **忆江南**
> 〔唐〕白居易
> 江南好,风景旧曾谙。
> 日出江花红胜火,
> 春来江水绿如蓝。
> 能不忆江南?

"谙",读ān,表示"熟悉"的意思。"江南好,风景旧曾谙",意思就是:这里的风景看起来似曾相识,很熟悉。我们如何记忆"谙"的字音、字形、字义呢?"讠"是形旁,表示"谙"字与说话、语言相关;"音"是半表音声旁,表示声音。所以,我们结合"谙"的解释"熟悉"联想到:

> 这种声音很 熟悉,让我心 安。
>   解释   读音

这里,我们借助"心安"的"安"来记忆"谙"的读音。

我们还可以联想到:**当婴儿哭闹时,把他抱到妈妈身边,让他听到熟悉的妈妈的声音,他就会变得安静**。这里,我们借助"安静"的"安"来记忆"谙"的读音。

其实不管是"心安",还是"安静",只要能把"谙"的读音记下来,然后把它跟"熟悉"关联在一起就可以。所以,我们借助连锁故事法,把"谙"的部首"讠"和"谙"的同音字"安",以及"谙"的解释"熟悉"关联起来,从而记忆"谙"的读音是ān,意思是"熟悉"。

己亥杂诗(其一二五)

〔清〕龚自珍

九州生气恃风雷,

万马齐喑究可哀。

我劝天公重抖擞,

不拘一格降人才。

"擞",读sǒu。"擞"的左边是形旁"扌",表示"擞"与手部动作相关;右边是声旁"数",不表音。"擞"是什么意思?我们可以联想它表示手抖动了数次,也就是振奋精神的意思。想想我们在振奋精神喊"加油"的时候,是不是会连续挥舞、抖动双手呢?记住了"擞"的意思,我们再来记"擞"的读音。发音为sǒu的汉字中,我们可以想到的有"老叟"的"叟",这个老叟精神抖擞,就是说这位老人精神抖擞。所以,我们根据"擞"的字形对它的意思进行了联想记忆,借助它的同音字"叟"对它的发音也进行了记忆。

游园不值

〔宋〕叶绍翁

应怜<mark>屐</mark>齿印苍苔，
小扣柴扉久不开。
春色满园关不住，
一枝红杏出墙来。

"屐"，读 jī，是木头鞋的意思。如何记忆它的字音、字形呢？"屐"的形旁是"尸"，表示"屐"与身体相关；"彳"表示"屐"与行走相关；"支"，我们可以想到支撑。这样一来，我们就可以把"屐"拆分出的各个部分关联成：**行走的时候支撑我们的身体**。这个东西会是什么呢？是鞋，在行走的时候支撑我们身体的，是我们脚上穿的鞋子，这样我们就把"屐"字的字形记下来了。如果我们对"屐"字的发音还不太熟悉，我们可以联想到：**木屐相当于支撑我们身体的基础**。借助"基础"的"基"，我们就可以记住"屐"读 jī。

木屐是一种用木头做鞋底的鞋，最早是由中国人发明的，后来传到了日本。在隋唐以前，特别是汉朝时期，木屐是人们的常用服饰，不仅便于行走，还能防止脚被杂草划伤；木屐也多用作雨鞋，可防滑、防泥湿。

> **村晚**
>
> 〔宋〕雷震
>
> 草满池塘水满陂,
> 山**衔**落日浸寒漪。
> 牧童归去横牛背,
> 短笛无腔信口吹。

"衔",读 xián。怎么去记忆它的字形和读音呢？我们先来看下它的字形。将"钅"从字中抽出来,"衔"字的一左一右就可以合成"行走"的"行"字。中间被抽走的"钅"要如何记忆呢？我们可以联想到：

> 有一个人在走路的时候，嘴里含着一块金属。
>
> 字形：行　　　　　　（中间）钅
>
> 这个人可真是"**闲**"呀！
>
> 读音

借助同音字"闲",我们就可以记住"衔"的读音是 xián,而"嘴里含"这个动作,其实就是"衔"的本义。所以,借助连锁故事法,我们把"衔"字的部首和同音字进行了关联,从而记住了"衔"字的字音、字形和字义。

村晚

〔宋〕雷震

草满池塘水满陂,
山衔落日浸寒漪。
牧童归去横牛背,
短笛无腔信口吹。

"漪",读 yī。我们可以将"漪"字拆解成三部分,左边是形旁"氵",表示这个字与水相关;中间是"犭",表示这个字还与哺乳动物相关;而最右边的"奇",是"奇怪"的"奇"。由这三部分,我们可以联想到一句话:

	读音		解释
水 里面有一只	动物	弄出了一圈 奇怪	的 水波纹。
字形:氵	+ 犭	+ 奇	

借助同音字"一",我们记住了"漪"字的读音是 yī;句子中的"水波纹"就是"漪"的解释;而记住"水(氵)+动物(犭)+奇怪(奇)",我们就可以记住"漪"的字形。所以,碰到这种不会写也不会读的汉字,我们把它的同音字和偏旁部首全都用联想故事法串联起来,这样我们就可以搞明白且记住这个字的字音、字义和字形了。

前面我们已经讲解了很多记忆汉字的方法,在记忆汉字的过程中我们需要做的就是根据要记忆的汉字的情况,判定它更适合使用哪一种方法,而这是建立在对各种方法熟练使用的基础之上的。下面我们列举了三个汉字,你可以试着采用自己认为合适的方法进行记忆,看你的方法跟我们的例子是否一样。

"跻",读 jī。"跻"的左边是形旁"足",表示"跻"跟脚相关;右边是声旁"齐",平齐。要跻身名流,就需要登上去,所以"登,上升"就是"跻"的意思。根据 jī 的读音,我们还可以想到一个熟悉的汉字——"机会"的"机",也是"时机"的"机"。我们要想抓住时机、抓住机会,跻身上游,就需要用脚登上去,与之齐平。我们可以这么记:

> 抓住 **机** 会 **跻身上游**。
> 　　读音　　字义

借助这样一句话,我们就可以记住"跻"字的读音和它的字义。

"绦",读 tāo,意思是用丝线编织成的圆的或扁平的带子。根据 tāo 的读音,我们可以想到"掏出来"的"掏"字。我们可以从口袋里掏出什么?很多带子,都是用丝线编成的扁平带子。结合起来,这句话就是:

> **掏** 出一些用丝线编的 **扁平带子**。
> 读音　　　　　　　　字义

借助这句话,我们就可以记住"绦"字的字音、字义。

"羸",读 léi。很多人容易把这个字误读作 yíng。仔细观察,它跟"输赢"的"赢"长得不一样。"羸"字是"亡 + 口 + 月 +

贝＋凡",而"赢"字下面的中间是"羊"。所以,我们可以借助"赢"来记忆这个羸,我们可以联想:赢得的这只羊很羸弱。这样,我们就能记住中间是"羊"的汉字是"羸"。那么根据léi这个读音,我们又能够想到哪一个熟悉的汉字呢?我们可以发动想象:我赢了一只羊,这只羊很羸弱,对我来说就是"累赘"。所以,我们可以借助与"累"这个读音相近的字来记忆"羸"的发音。结合起来,这句话就是:

> 我 赢的这只羊 很羸 弱,是 累 赘。
> 　　字形　　　　字义　　读音

借助这一句话,我们就可以很顺畅地记住"羸"的发音与"累"相近,是léi;字形下面中间的是"羊",字义是"弱"。

会意字

什么是会意字?会意字是指用两个及两个以上的独体汉字,根据各自的含义组合成的一个新汉字。会意字的记忆十分有趣,从字形上理解会意字有时候就像是在猜字谜。我们以"明"为案例,"明"字左边是"日",右边是"月",白天带来光明的是太阳——"日",晚上带来光明的是"月",因此这两个字合在一起就表示"明"的意思。

通过记忆上述这些汉字,我们发现:

当遇到会读不会写的汉字时,可以把字的偏旁部首用连锁故事法给串联起来。

当遇到会写不会读的汉字时，可以借助同音字记忆。

当遇到既不会写也不会读的汉字时，可以把偏旁部首以及同音字用连锁故事法串联起来。

掌握了这些方法，无论多难、多复杂的汉字，我们都有办法把它们的字音、字形、字义记下来。

04 易混知识的区分

我们在学习过程中经常会遇到**容易混淆的汉字、读音、词语**，针对这些知识点，使用好的记忆方法特别重要，不然不光记忆起来头疼，考试的时候也很容易丢分。本节我们将继续通过一些常见案例，跟大家分享易混字、易混音、易混词的记忆思路，你会发现，只要运用合适的记忆方法，这一类知识其实特别好记，而且越是相像的知识越适合用这些方法进行处理。

易混字、易错字

这是无论小学、初中，还是高中，都会涉及的学习和考查板块。对汉字的错认与混淆，不光直接影响我们的考试成绩，对我们未来对汉字的认知和运用也会产生影响。我们接下来就以最常见的易混字、易错字为例,看遇到这类问题时我们如何区分。

1. A. 鬼祟　B. 鬼崇

遇到这一类易混字辨析时,我们首先要找到它们的不同,然后再对正确的字进行编码处理。在这里,"鬼祟"的"祟"是由"出"和"示"两部分构成的。我们可以联想到:

有一个人鬼鬼祟祟的,我们就让他出示一下自己的证件,检查一下。

这样我们就能记住"鬼祟"的"祟"字。

2. A. 急躁　B. 急燥

B选项中的"燥",是"干燥"的"燥",指的是(物品)缺少水分。这样的物品一点就容易着火。A选项中的"躁",指的是(人)性急、不冷静。当一个人特别着急的时候,就容易捶胸顿足,因为从中医的角度讲,捶胸顿足能够舒缓我们的情绪,让气血变得更加通畅。所以,"急躁"是正确的。我们也可以联想成"着急得直跺脚",从而记住"急躁"的"躁"是"足"旁的。

3. A. 融汇贯通　B. 融会贯通

通过观察,我们发现这两个词的区别在于到底是"会"还是"汇"。我们可以联想到:

要达到融会贯通的程度,需要我们真正领会。

所以,借助"领会"这个词,我们记住了,是"融会贯通"。我们也可以联想成:

我们开会的时候,要把会上的要点融会贯通。

借助"开会",我们也可以记住"融会贯通"。

上面三个案例正好对应易混字、易错字辨析的三种方法:

其一，局部辨析。先找出正确的字与易混字、易错字间的区别，然后对正确字进行编码处理。

其二，追本溯源。了解正确字本源的含义是什么，然后去辨析。

其三，借助正确字的同字熟词。也就是借助另外一个刚好包含正确字，而且我们也特别熟悉的词语来记忆汉字。

我们接下来通过一些具体案例来验证这几种方法是否广泛适用于易混字、易错字的辨析记忆。

4. A. 震撼　B. 震憾

"撼"与"憾"的区别在于偏旁，正确的写法是"震撼"。要记住"震撼"的"撼"是"扌"旁的，我们可以用局部辨析的思路，针对"扌"旁进行处理，可以想成：

手舞表演让我感觉很震撼。

这样就突出"震撼"的"撼"是"扌"旁的了。

5. A. 卑躬屈膝　B. 卑躬曲膝

"卑躬屈膝"在《现代汉语词典》（第7版）中的解释：形容没有骨气，谄媚奉承。从字面意思上看，"屈膝""曲膝"都可以理解成"下跪"的意思，所以放到词语里都解释得通，这种情况下我们就可以考虑借助正确字的同字熟词来辨析、记忆汉字。屈，屈服，我们可以想到：

大丈夫绝不卑躬屈膝，绝不向敌人屈服。

借助"屈服"这个"屈"的同音熟词，我们将"屈"和"卑躬屈膝"建立起关联，最终记住正确的是"卑躬屈膝"。

6. A. 变本加厉　B. 变本加利

辨析"变本加厉"，如果采用追本溯源的方法，"厉"的解释为

"猛烈",不是很好区分,所以我们也采用了**借助正确字的同字熟词**的方法。"厉"的同字熟词,我们最为熟悉的是"厉害"。

你越惧怕敌人**厉害**,敌人就越**变本加厉**。

借助"厉害",我们就记住了"变本加厉"中的"厉"的字形是"厉"。

通过上述三个案例,我们发现借助我们归纳的三个辨析易混字、易错字的思路,基本上能够帮助我们区分所有的易混字、易错字。大家平时可以根据不同的状况,选用不同的方法积累易混字、易错字。

易混音

规范的书写和准确的发音是汉字学习的两大重要方面,前文我们已经探讨了对易混字、易错字的辨析,接下来我们将继续学习如何辨析汉字的读音,看看可以采取何种应对策略和处理方法。

1. 卑鄙　A. bǐ　B. bì

看到"鄙",我们脑海中立马就能浮现出"鄙视"这个词,因此可以想**"鄙视卑鄙的人"**,借助这个词来记住"鄙"的发音是 bǐ。

这里,我们借助的是"鄙"在其他词语中的读音来记忆它在本词中的读音。

2. 狭隘　A. ài　B. yì

"隘",读 ài。由它的发音,我们能够联想到"爱情"的"爱",想到:

心胸狭隘往往是因为心里面的**爱**不够。

所以，借由"爱情"的"爱"，我们记住了"狭隘"的"隘"的读音。

这里我们借助"隘"字的同音异形字"爱"来记忆"隘"的读音。

3. 吮吸　A. yǔn　B. shǔn

"吮"，读 shǔn。当我们绞尽脑汁也想不出另一个也读 shǔn 的汉字时，我们只能让与"吮"发音相似的"顺"来帮忙。吮吸，就是要顺利地把液体吸到嘴巴里，我们可以想到：

婴儿在很顺畅地吮吸牛奶。

我们借助与"吮"字读音相似的"顺"的发音，来记住"吮吸"读作"shǔn 吸"，而不是"yǔn 吸"。

通过上述几个案例，我们来总结一下辨析易混音的思路：

第一，借助同音同形字。也就是借助要辨析的字在别的词语里的读音，来记忆它在这个词语里的读音。

第二，借助同音异形字。借助与要辨析的字发音相同但是字形不同的字来辨析、记忆汉字。

第三，借助相似音。当我们找不到一个跟要辨析的字发音一模一样的字时，我们就可以借助一些与该字发音相似的字来辨析。

这些方法是我们辨析易混音的基础思路，要想在平时的学习中熟练使用，还需要我们多多练习。接下来我们将通过一些升级版的案例来一起巩固一下辨析易混音的思路。

4. 连累　A. lèi　B. lěi

lèi 和 lěi 都是"累"的发音，它还有一个发音是 léi。那么在这里，"累"读什么呢？"累"读 lěi 时，我们能够想到的词语有：日积月累、伤痕累累。我们可以将"连累"和"日积月累""伤痕累累"进行关联：

有两兄弟上了战场。弟弟的战斗力比较弱，经常受伤，哥哥的战斗力比较强，经常要保护弟弟，所以哥哥因为受弟弟的连累，日积月累也被伤得伤痕累累。

这样，我们就能记住"连累"中"累"读 lěi。

这里运用的是借助同音同形字的方法，与前面"卑鄙"案例不同的是，这里的"累"是多音字，所以为了加强记忆，我们还需要对相关词语进行关联。

接下来，我们来看下面这几个案例，看大家是否会读加点字的读音。

5. 嫉妒　A. jí　B. jì

是 jí 还是 jì 呢？当然是 jí。我们在记忆"嫉"的读音时，借助同音异形字，可以联想到"极端"的"极"。怎么去记呢？我们有时候是不是也会"极度嫉妒别人"？所以，借助"极端"的"极"，我们就记住了"嫉"读 jí。

6. 萎靡　A. mí　B. mǐ

"靡"，读 mǐ。根据 mǐ，我们很容易想到"大米"的"米"。可是"萎靡"如何跟"大米"关联呢？

如果一个人好几天没有吃米饭，精神就会非常萎靡。

这样我们就很容易记住"靡"读 mǐ。

我们还会遇到一种很特殊的情况,就是真的找不到另一个与这个字读音相同的字,我们以"淆"字为例,看遇到这种情况我们怎么处理。

7. 混淆　A. xiáo　B. xiāo

xiáo,还是xiāo?答案是xiáo。我们在记忆这个"淆"字的读音时,找不到第二个读xiáo的汉字,如果用相似音把它处理成"消",那我们就有记错读音的可能。

我们可以想象一下,当我们遇到双胞胎的时候,是不是特别容易产生混淆?所以借助"双胞胎容易让我们混淆"这句话,我们就可以把"淆"字的读音记下来,读xiáo:"双胞胎"中的"双"提示我们"淆"发的是二声。

从这个案例我们可以看出,前面总结的三种应对策略可以帮助我们处理99%的易混音问题,剩下的一些特殊情况就需要我们具体问题具体分析了。

易混词

学习了易混字、易错字和易混音后,我们接下来一起通过案例来探讨易混词的辨析思路。

大家的力量(　　)在一起,就没有克服不了的困难。
同学们约定周六在长江边的黄鹤楼(　　),不见不散。
A. 会合　　　　　B. 汇合

遇到易混词，关键的辨析思路是追本溯源，搞清楚每个词语都是由什么字组成的。因为每个字都有各自特定的含义，我们解释每个字，就能够把它们区分开了。

针对题目选项中的"汇合"和"会合"，我们从了解释义、差异部分辨析和配图辅助记忆三个方面进行辨析，很容易就能把它们区分开来。

	汇合	会合
了解释义	（水流）聚集；会合	聚集到一起
差异部分辨析	多指水流的聚合或精神与其他抽象事物的聚合	多用于具体的人
配图辅助记忆	可以根据"氵"表示与水有关来记忆	

总结来说，比较抽象的、无形的、与水相关的东西的聚合多用"汇合"，而与具体的人相关的聚合多用"会合"。所以，明白了这两个词的区别后，我们做起题来就很简单了。

大家的力量（汇合）在一起，就没有克服不了的困难。

毫无疑问这里用的是"汇合"，因为力量是抽象的、无形的，像水一样。

同学们约定周六在长江边的黄鹤楼（会合），不见不散。

这里聚合的主体是人,所以用"会合"。当然,也可以这样想:**会合**在一起**聚会**。利用"聚会"的"会"帮我们记忆"会合"的"会"。

弄明白易混词的辨析思路后,我们可以用一些案例进行练习、巩固。

演小品时,他( )成一个老头。
A. 化装   B. 化妆

根据辨析思路,我们先要弄明白"化装"和"化妆"的区别。我们从了解释义、差异部分辨析和配图辅助记忆三个方面辨析。

	化装	化妆
了解释义	本指演员为了适合所扮演的角色的形象而修饰容貌,也指改变装束、容貌来假扮成另一种人	专指用脂粉等使容貌变得美丽
差异部分辨析	"装"有"演员演出时穿戴涂抹的东西"的意思	"妆"的意思是"针对面部的修饰、打扮"
配图辅助记忆		

我们得出的结论是,"化装"带有"装扮"的意思,可以借助一些道具、衣服等,去扮成另外一个事物。而"化妆"主要指的是针对脸部进行修饰,使人物变得更加美丽。所以,正确答案是

A。小品演员装扮的时候，不光是对脸部进行修饰，还会借助道具，所以选择"化装"。可如果我们把题干改成：

爱美的姐姐每天都要（　　）后再出门。

那我们的答案就会变成"B. 化妆"，姐姐每天出门前只是修饰脸部，让自己看起来更漂亮、美丽，并不需要扮成另外一个人。

所以，遇到易混的词语，最简单的方法是找到每个字所具体表达的含义，进而掌握每个词语用法的不同。

通过上述这些案例的学习，我们发现，在记忆易混字、易错字、易混音、易混词时，只要选对了方法，辨析起来就会很容易。这里我们将它们的易混类型和相应的处理思路总结如下：

第一，碰到易混字、易错字，我们可以采用局部辨析、追本溯源、同音熟词的处理思路。

第二，遇到易混音，我们可以采用同音同形、同音异形、相似音的处理思路。

第三，遇到易混词，我们可以采用追本溯源的处理思路。

大家在平时的学习中可以根据不同的处理思路多多练习，这样在生活中和考试时就不会因为辨析不清而错误使用。

05 如何记忆诗词？

古诗词历来就是语文学习的重点，但大多数学生对古诗词背诵都是谈之色变、叫苦连连。怎样才能又快又牢固地记忆古诗词呢？我们在序言中分享记忆知识内容的四大记忆方法时提到，这四种方法"能够帮助我们记住一些长难知识点"。在本节中，我们将具体学习如何用这四种方法记忆古诗词。

> **四大方法**
>
> ① 逻辑法　② 连锁故事法
> ③ 构图法　④ 定位法

与前文我们记忆长难知识点时稍有不同，在使用四大方法记忆古诗词时是有优先级顺序的，它们的顺序：先用逻辑法；逻辑法不行再用连锁故事法;试完连锁故事法再用构图法;都不行就用定位法。其中,构图法的使用频率最高,因为我们所学的古诗词大部分都能够在脑海中形成画面,从而帮助我们记忆。接下来,我们就按照优先级顺序,看看这四大方法是如何帮助我们记忆古诗词的。

逻辑法记忆诗词

在正式开讲方法之前,我们先要知道记忆古诗词的三个步骤,这也是我们在今后的语文学习,甚至是其他学科学习中记忆长难知识内容的基本步骤。

第一步,熟读理解。

如果我们连读都读不通顺、不能理解,怎么可能记住?所以,第一步就是要对诗词内容进行熟读理解。

第二步,选择方法进行记忆。

在理解的基础上,我们再针对内容选择适合的方法来记忆。方法的选择顺序:首先考虑逻辑法;其次用连锁故事法;再次用构图法;最后用定位法。

第三步,回忆巩固。

记忆完内容后,我们还需对照原文看一下是否存在问题、哪里容易中断、哪里容易出错,再用方法处理一下就可以了。

我们基本上都是按照这样的步骤记忆古诗词的。接下来,我们按照这样的步骤,一起来看如何记忆《石灰吟》。

石灰吟
〔明〕于谦

千锤万凿出深山，烈火焚烧若等闲。
粉骨碎身浑不怕，要留清白在人间。

第一，我们要对这首古诗进行通读理解。这是明朝政治家、文学家于谦创作的一首七言绝句，表面是在咏石灰的锻造过程，实际上是在托物言志，通过石灰来表现诗人高洁的品格。我们具体看一下每句诗的意思。

千锤万凿出深山——通过千万次锤凿才能把石灰石从深山里开采出来。

烈火焚烧若等闲——石灰石把被烈火焚烧当作很平常的事。

粉骨碎身浑不怕——即使是粉骨碎骨也不怕（这里需要注意"粉骨碎身"一词，我们现今常说的是"粉身碎骨"）。

要留清白在人间——只要把清白留在人世间。

弄明白诗句的意思，接下来我们需要做的就是多读几遍，把诗词句子读通、读顺。

第二，选定逻辑法来记忆《石灰吟》。根据对内容的理解，我们发现《石灰吟》具有非常明晰的逻辑线索：

千锤万凿出深山——开凿。
⇩
烈火焚烧若等闲——煅烧。
⇩
粉骨碎身浑不怕——变成石灰。
⇩
要留清白在人间——刷在墙上。

这是一条"讲述"了石灰从石灰石变成石灰，最后被粉刷上墙的完整过程的线索，所以我们可以在脑海中构想这条路径，进而在熟读的基础上轻松实现对诗的记忆。

我们也可以根据《石灰吟》的逻辑线索，构建一幅图画帮助我们记忆。需要注意的是，并不是每一首诗都适合构建画面，我们会在讲构图法的时候跟大家具体讲解，这里对此不再做讲解。

小贴士

有同学说："老师，我背不下来，说明什么？"这说明我们对每一句诗还读得不够通顺，也有可能是没有完全理解。这个时候我们需要做的是停下来，把诗读通顺，理解了，再去背诵。

第三，回忆、巩固。记忆完诗词内容后，我们要及时与原文进行比对巩固，一方面是看自己有没有背诵错误，另一方面是及时查漏补缺，巩固记忆薄弱之处。

这样我们就用逻辑法将《石灰吟》记住了。因为古诗的特性，在背诵一首新诗时，我们优先考虑用逻辑法去帮助我们记忆，如果实在不适合，我们再考虑用连锁故事法。

连锁故事法记忆诗词

因为本书的初衷是跟大家分享记忆方法，重点是讲解记忆思路，所以我们在接下来讲解诗词记忆方法时，会重点讲解记忆思路的运用，也就是第一步和第二步。我们来看下面这首《蒹葭》。

蒹（jiān）葭（jiā）

蒹葭苍苍，白露为霜。
所谓伊人，在水一方。
溯（sù）洄（huí）从之，道阻且长。
溯游从之，宛在水中央。
蒹葭萋萋，白露未晞（xī）。
所谓伊人，在水之湄（méi）。
溯洄从之，道阻且跻（jī）。
溯游从之，宛在水中坻（chí）。
蒹葭采采，白露未已。
所谓伊人，在水之涘（sì）。
溯洄从之，道阻且右。
溯游从之，宛在水中沚（zhǐ）。

我们经过熟读，发现这首诗没有什么明显的逻辑线索，也就是说我们不能使用逻辑法帮助记忆。但是经过观察，我们发现这首诗非常有特点，它可以分成三段，每四行可以作为一个段落；每段相应位置的内容大部分是一致的，只有几处不一样，比如第一段是"苍苍"，第二段是"萋萋"，第三段是"采采"……所以，对于这首诗的记忆，我们只要记住这些不一样的地方，再根据它的固定结构，就能够把它记忆下来。

我们先来记忆第一段的内容。这里的"苍苍"与后面的"萋萋""采采"都表示茂盛的样子，所以这段内容的大意：

芦苇非常茂盛，露水结成了霜。意中人在哪儿？在水的那一方。逆流而上去找他，道路充满险阻还很长。顺流而下去找他，他仿佛在那水中央。

我们理解完意思后，需要做的是把要重点记忆的关键词找出来，也就是找出各段落不一样的地方。这里我们抽取出"苍""霜""方""长""央"，采用连锁故事法把它们关联起来，优先处理能合并在一起的字："霜"跟"方"。这两个字组合在一起，很容易想到"双方"。这是一首跟爱情相关的诗，所以我们可以想到"男女双方"的"双方"。"长"和"央"组合在一起，通过谐音处理成"徜徉"，可以想到有一对情侣在水边徜徉，也就是散步。剩下的"苍"显然不容易直接组合，我们可以把它处理成"经常"的"常"。这么一来，我们就可以得到：

常　双　方　徜　徉。
（苍）（霜）（方）（长）（央）

我们可以理解为，情侣经常徜徉在水边。根据这几个字，我们就可以把第一段记忆下来。如果还有困难，就说明我们理解得还不够,需要暂停下来把内容读熟。

接下来我们看第二段内容的意思。

芦苇非常茂盛,露水还没有干。意中人在哪儿?在水的那一边。逆流而上去找他,道路充满险阻还很难攀登。顺流而下去找他,他仿佛在那水中滩涂上。

有了第一段的基础,这一段就很容易理解了。我们也把这段的记忆重点,也就是关键词找出来,组合一下。这段我们抽取的是"萋""晞""湄""跻""坻"。按照连锁故事法,我们把"萋"跟"晞"组合在一起,很容易想到"七夕";"湄"可以谐音成"没";"跻"跟"坻"组合在一起,谐音成"几次"。这样我们很容易得到:

七　夕　没　几　次。
（萋）（晞）（湄）（跻）（坻）

七夕是一年只有一次的特殊日子,确实没几次,情侣们约会的次数也太少了。这么一来,第二段的内容我们也记忆完了。

有了前两段的基础,第三段就更简单了,因为它们表达的意思都一样,只不过是换了不同的词语而已。我们还是先来看看它的内容大意。

芦苇非常茂盛,露水还没有全收。意中人在哪儿?在水的那一头。逆流而上去找他,道路充满险阻还迂回曲折。顺流而下去找他,他仿佛在那水中沙洲上。

在这一段中,我们取的关键字是"采""已""涘""右""沚"。根据连锁故事法,我们先把"右"跟"沚"组合在一起,可以想到"游子"。也有人会想到"柚子",这里之所以不用,是因为"柚子"跟人没有什么直接关系,而我们可以用"游子"结合这首诗的主题，想到游子在外寻找自己的意中人，或这个意中人是个游子，所以我们这里使用"游子"。"采""已""涘"，我们可以想到"猜已是"，跟"游子"连起来，我们可以处理成：

猜　已　是　游　子。
（采）（已）（涘）（右）（沚）

女子猜自己的心上人已是游子。根据这句话，我们就把第三段背下来了。如果还有不熟悉的地方，我们可以暂停背诵，把"卡壳"的地方多读几遍，再结合记忆方法，就能够把它背诵出来了。

通过记忆这首诗，我们可以看出，对于句式结构特别工整、几段内容又很像的诗词，连锁故事法是最适合的方法，因为每一段的意思都差不多时，逻辑法发挥不了作用，而连锁故事法对于记忆大部分诗词都适用。我们可以再来看一首《长相思》。

长相思
〔清〕纳兰性德
山一程，水一程，身向榆关那畔行，夜深千帐灯。
风一更，雪一更，聒碎乡心梦不成，故园无此声。

这首词相对来说句式比较工整，因此我们也可以用连锁故事法来记忆。大家可以自行在网上查找这首词的释义，这里我们只讲解记忆方法。

"山一程，水一程"，我们取"山"字和"水"字；"身向榆关那畔行"，我们取"榆关"。或许有人会问："为什么不取'身'字？"我们抽取关键字词时要尽量取一些具象的名词，即容易在脑海里产生画面的一些名词，这里取"身"不太好处理。"夜深千帐灯",我们取"夜深"。我们也同样处理下阕,可以取到"风""雪""聒碎""故园"。这么一来,这首词的关键词就可以被我们穿成:

山水榆关夜深,风雪聒碎故园。

所以,我们在用连锁故事法时,考虑到整体连接时语义的顺畅,有时会选择那种比较有代表性的、能够提示回忆的关键字词,而不一定非得是首字。连锁故事法在实际运用中的范围非常广泛,很多诗词都可以用连锁故事法进行处理记忆,大家不妨多练练。

构图法记忆诗词

记忆古诗词的第三种方法是构图法。我们在朗读很多古诗词时,脑海里会不自觉地形成画面,但这样的画面并不是我们这里所要讲的构图法。对于构图法的使用,我们也是有一定方法、技巧的。我们以下面这首《西江月·夜行黄沙道中》为例,具体看下如何用构图法来记忆古诗词。

西江月·夜行黄沙道中
〔南宋〕辛弃疾
明月别枝惊鹊,清风半夜鸣蝉。
稻花香里说丰年,听取蛙声一片。
七八个星天外,两三点雨山前。
旧时茅店社林边,路转溪桥忽见。

我们先来弄明白这首词的大致意思。

明月别枝惊鹊——明月照到枝头，惊醒了上面的喜鹊。

清风半夜鸣蝉——清风送来了半夜里蝉鸣的声音。

稻花香里说丰年——一群人在稻花的香气里谈论着丰收的事情。

听取蛙声一片——耳边传来青蛙的叫声。

七八个星天外——天上有几颗零零散散的星星。

两三点雨山前——山前下了一点雨。

旧时茅店社林边——早前土地庙附近的树林旁有个用茅草盖的旅社。

路转溪桥忽见——道路转弯，行至溪桥上的时候，它忽然出现在了眼前。

我们朗读理解这首词的过程中，其实脑海中已经构建出了一幅画面，大家可以对比一下各自脑海中的画面与下图我构建的画面哪里有所不同。

我们在构建记忆画面的时候一定要注意顺序，按照每句诗词，从左到右，或者以自己能够切实记住的顺序布局，这样一方面是便于我们记忆诗词，另一方面我们在"调用"诗词内容的时候不容易因顺序混乱而出问题。

我们一起来看这幅画面，按照从左到右的顺序，它是这样布局的：

树上的喜鹊——明月别枝惊鹊。

树上的蝉——清风半夜鸣蝉。

树旁站着两个人，看着旁边稻田里开着花——稻花香里说丰年。

稻田里传出青蛙"呱呱"的叫声——听取蛙声一片。

天空中有几颗星星——七八个星天外。

天空下，山前飘着雨点——两三点雨山前。

山前还有一个茅店，旁边有一片树林——旧时茅店社林边。

山前的溪桥上走着一个人，用手遮头挡雨，跑向茅店——路转溪桥忽见。

现在，我们可以合上书，根据脑海中的这幅画面，试着依照画中各元素排布的顺序背诵一下这首词。你会发现，只要对内容的理解到位、脑海中画面元素排布清晰，这首词记忆起来就会很容易。

有同学说："老师，这首词我可以通过连锁故事法进行记忆。"是的，前文中说过"在使用四大方法记忆古诗词时，是有优先级顺序的"，但并不是说这首词就一定得用构图法，而是大家根据自己对方法的掌握状况，按照优先级顺序选择适合自己的方法。就比如这首词，如果大家对连锁故事法掌握得比较熟练，想要用它记忆也是可以的。我们有两种思路：一种是根据理解记忆，遇到容易中断的地方，用连锁故事法连接起来就可以了；另一种是把每一行词的字头穿一串。即由"明月""稻花""七八""旧时"，我们可以想到：

> 明月 下，稻花 有 七八 九十 朵。
> （明月）　（稻花）　（七八）（旧时）

这么一来，我们就可以把《西江月·夜行黄沙道中》记忆下来。我们用连锁故事法和构图法都可以把这首词记忆下来，就看大家使用哪种方法更熟练。

定位法记忆诗词

最后，我们一起来学习一下定位法。我们记忆诗词，当发现前三种方法都不太好用时，就可以选择用定位法来记忆。其实，准确地说，定位法更适合那种句子特别多的诗词，因为当句子一多，单纯地根据逻辑记忆可能会出现记忆中断的现象，而用连锁故事法和构图法可能会涉及特别多的信息，从而让记忆产生混乱，所以这个时候用定位法就是一个相对比较好的选择。下面这首《七律·长征》共有8句，算是句子比较多的，我们就以这首诗为例，看如何使用定位法记忆诗词。

> **七律·长征**
> 毛泽东
> 红军不怕远征难，万水千山只等闲。
> 五岭逶迤腾细浪，乌蒙磅礴走泥丸。
> 金沙水拍云崖暖，大渡桥横铁索寒。
> 更喜岷山千里雪，三军过后尽开颜。

这首诗共有 8 句，可是我们的标题只有 4 个字，显然这里我们不能使用标题定位法，那我们就可以考虑另外一种定位方法叫熟句定位法，直接取诗歌的第一句，帮助我们去定位后面的几句诗。这么一来，我们就需要借助"红军不怕远征难"这句诗中的 7 个字来帮助我们记住后面的这 7 句。我们来具体"定"一下。

"红"——万水千山只等闲。我们可以想到"万水千山被染红"。毛主席写过一首《沁园春·长沙》，其中有一句叫作"看万山红遍，层林尽染"。所以，我们可以由此想到"万山红遍"，从而记住"万水千山只等闲"。当然，我们也可以想到山上有很多映山红，所以整片山看起来都是红色的；或者想到井冈山红色革命根据地。根据这些，我们都能将"山"跟"红"联系在一起。

"军"——五岭逶迤腾细浪。五岭逶迤指的是五座非常高的山绵延起伏，可是这些山在军人的眼里，就像是翻腾的小浪花一样，从这里我们能够看出红军不怕艰难险阻的心态。所以，由"军"字，我们可以想到，军人走在"五岭"上面，就像是在踏浪一样。

"不"——乌蒙磅礴走泥丸。乌蒙指的是乌蒙山，它非常雄伟，但是对红军来说，就像是滚动的泥丸一样，所以我们可以想到：乌蒙磅礴也不能阻挡红军的脚步。

"怕"——金沙水拍云崖暖。金沙江的水拍着悬崖峭壁，溅出了水汽，这个时候毛主席心情非常好，所以这个水汽在他看来给人一种温暖的感觉。这一句怎么跟"怕"联系在一起呢？"拍"字跟"怕"字是不是很像？这么一来，我们把"拍"跟"怕"联系在一起了。或者我们还可以这样联想，"金沙水"对别人来说可能有点可怕，但是对红军来说一点都不可怕。这样我们也可以把"金沙水拍云崖暖"和"怕"联系在一起。

"远"——大渡桥横铁索寒。大渡河上的泸定桥距离水面很远，手握冰凉的铁索，令人心生寒意。所以，"大渡桥横铁索寒"就跟"远"联系在一起了。

"征"——更喜岷山千里雪。我们可以想到红军翻过岷山，征服了岷山的"千里雪"，这样就将"更喜岷山千里雪"跟"征"联系在了一起。

"难"——三军过后尽开颜。我们可以想到先苦后甜、苦尽甘来，经历了所有的苦难才能够品尝到甜，这样就将"三军过后尽开颜"与"难"进行了关联。

我们通过"红军不怕远征难"，对诗词的内容进行了关联定位。如此一来，我们就可以在熟读理解的基础上，通过熟词定位法进行记忆。

我们在上一节讲构图法的时候就提到过，对于一首诗，我们其实可以使用多种方法去记忆它，主要看我们更习惯或者说擅长使用哪一种或哪几种的结合来记忆。如果我们逻辑性特别强，特别喜欢按逻辑去记忆，那就可以采用逻辑法结合连锁故事法，先借助逻辑背一遍，在这个过程中发现哪里特别容易中断，就用连锁故事法把它穿一串，像用锁链把它打个结一样，这么一来就把它记住了；如果我们特别喜欢追求诗的意境、喜欢在脑海里构建画面，那就可以用构图法配合连锁故事法，在用构图法记忆时，发现哪一句容易中断，也不妨再用连锁故事法把它穿一串，这样也能够把一首诗牢牢地记忆下来。我们也可以通过逻辑法和连锁故事法来记忆诗词，有兴趣的同学可以自行试着使用这两种方法记忆一下。

如果遇到更长的古诗怎么办？有一首古诗叫《长恨歌》，它总共有120句，听着就让人头疼，更何况要背。可是，如果我们用对了方法，别说是120句，就是再多，我们记忆起来也不在话下。那我们适合用什么方法来记忆呢？逻辑法貌似不行，毕竟用逻辑连接120句太困难了；连锁故事法也不太行，将120句内容关联成一段话，工作量也很大；构图法更不可行，按照一定的顺序构建一幅表现120句内容的画面太难了。所以毫无疑问，我们需要选择定位法。用什么定位？我们可以用数字进行定位。也就是说，我们使用数字定位法记忆《长恨歌》的内容。感兴趣的同学可以自己试着用数字定位法来记一下。

当我们掌握了记忆的四大方法，背诗词其实相对来说是一件比较简单的事情，关键看我们愿意选择什么样的方法去记忆。根据优先级顺序，首先考虑逻辑法，其次考虑连锁故事法，再次考虑构图法，最后考虑定位法。而定位法适合在句子量特别多的时候使用，因为前面三种方法都不太适合用来记忆句子量特别多的古诗词，所以越是长的古诗词，定位法就越适用。大家不妨选择一首诗词，试着用这四种方法去记忆一下，看自己更喜欢或擅长使用哪一种方法。

06 文言文实词、虚词的记忆法

对常见实词、虚词的理解、记忆是文言文考查的重点，但它们一词多义、用法灵活多变的特点，使得大家记忆起来困难重重。很多同学不禁感慨："怎么才能记住文言文里这些实词、虚词的意思呀？"

在回答这个问题前，我们先了解一下大家记忆文言文实词、虚词的现状：**简单的意思能推理，有些意思是真的想不出。**

现状一：对于一些常见的实词、虚词的翻译，我们根据各自的生活经验大体能够推理出来。

现状二：某些实词、虚词的翻译在平时生活当中比较少见，我们就不太能够记得住。针对这一情况，实在想不出来意思，可以用记忆方法来处理。

针对这两个现状，我们结合具体案例，具体分析如何对实词和虚词的翻译进行记忆。

实词翻译的记忆法

记忆思路：组词 + 连锁。

对现状一情况下的实词翻译的记忆，我们大多可以使用组词的方法。文言文中这些字的翻译，跟我们现代汉语中的意思很多是一样的。所以，当我们遇到这种情况下的字时，可以把它能够组出来的词语都想一遍，其中总有一个能够代表这个字在文言文里所表达的含义。

对于现状二情况下的实词翻译，因为该字在现代汉语中没有相应的解释，所以如果遇到了，我们就需要把这些相对来说比较少见的翻译，用连锁故事法与我们熟悉的翻译进行关联，加强记忆。

我们可以通过下面这几个常见文言文实词的翻译案例来体验下使用连锁故事法记忆的便捷。

间

中间力拉崩倒之声。——《口技》
扁鹊见蔡桓公，立有间。——《扁鹊见蔡桓公》
骈死于槽枥之间。——《马说》
又间令吴广之次所旁丛祠中。——《陈涉世家》

中间力拉崩倒之声。——《口技》

这句话的意思：中间夹杂着噼里啪啦房屋倒塌的声音。这里的"间"，读作 jiàn，是"夹杂"的意思。"间"在现代汉语的解释中并没有"夹杂"这个意思,所以遇到这种情况,我们需要用连锁故事法处理一下,并注意积累记忆。我们会在后文讲解这个例子。

扁鹊见蔡桓公,立有间。——《扁鹊见蔡桓公》

这句话的意思:扁鹊进见蔡桓公,在他面前站了一会儿。这里的"间"表示"一会儿",与时间相关。所以我们可以给这个"间"组词"时间",表示"一会儿"的意思。

骈死于槽枥之间。——《马说》

这句话的意思:跟普通的马一起死在马厩里。这里的"间"是"中间"的意思。这个翻译,我们也很好理解。

又间令吴广之次所旁丛祠中。——《陈涉世家》

这句话的意思:又暗中让吴广到驻地旁丛林里的祠堂中。这里"间"是"暗中、秘密"的意思。与"暗中、秘密"相关,又是"间"字的组词,我们很容易想到"间谍"。所以如果能够想到"间谍"一词,我们就能想到"暗中、秘密"的意思。

上述几个句子中"间"字的翻译,我们可以总结如下图:

间

中间力拉崩倒之声。——《口技》	●夹杂
扁鹊见蔡桓公,立有间。——《扁鹊见蔡桓公》	●一会儿(时间)
骈死于槽枥之间。——《马说》	●中间
又间令吴广之次所旁丛祠中。——《陈涉世家》	●暗中(间谍)

其中，除了"夹杂"，其余的翻译我们都能够根据现代汉语的组词消化理解。而"夹杂"这个稍微复杂一点的翻译，我们也可以根据"间"字的意思进行推理，比如"夹杂"就是夹在什么的"中间"。意思虽然看上去不是一样的，但其实是由"中间"的意思引申而来的。

如果不进行推理，我们可以把这个翻译与"中间"的意思用连锁故事法关联成：

他**夹杂**在人群**中间**。

借助"中间"这个我们熟悉的意思，来记忆我们不怎么熟悉的"间"字的翻译："参与"。

信

日中不至，则是无信。——《陈太丘与友期行》
今以蒋氏观之，犹信。——《捕蛇者说》
愿陛下亲之信之。——《出师表》
欲信大义于天下。——《隆中对》
谓为信然。——《隆中对》

日中不至，则是无信。——《陈太丘与友期行》

这句话的意思：到了中午时分你还没有到，就是没有信用。"信"在这里翻译成"信义、信用"。"信"的这个翻译，我们通过组词的方法就能想到。

今以蒋氏观之，犹信。——《捕蛇者说》

这句话的意思：如今从蒋氏的遭遇来看，（这句话）还是真实可信的。这里的"信"翻译成"相信",我们通过组词"相信"就可以理解。

愿陛下亲之信之。——《出师表》

这句话的意思:希望陛下能够亲近他们、信任他们。"信"在这里是"信任"的意思。

欲信大义于天下。——《隆中对》

这句话的意思:想要在天下伸张大义。这里的"信"是一个通假字,通"伸","伸张"的意思。这是我们不太熟悉的一个意思。

谓为信然。——《隆中对》

这句话的意思:(他)说确实是这样。这里的"信"表示"确实"的意思。"信"在现代汉语中也有这个意思,只是我们不经常使用,相对来说会陌生一些。

关于"信"字的翻译,我们总结如下。

信

日中不至,则是无信。——《陈太丘与友期行》	● 信义,信用
今以蒋氏观之,犹信。——《捕蛇者说》	● 相信
愿陛下亲之信之。——《出师表》	● 信任
欲信大义于天下。——《隆中对》	● 通"伸",伸张
谓为信然。——《隆中对》	● 确实

其中,我们不太熟悉的翻译有两个:一个是通假字,通"伸","伸张"的意思;另一个是"确实"的意思。为方便记忆,我们用

连锁故事法，把我们熟悉的"信用"的意思，与"确实""伸张"这两个我们不太熟悉的意思关联成一句话：

确实要**伸张**信用。

这样我们就把"信"字不太熟悉的意思记住了。这个熟悉的"信"字的意思，我们也可以选用"诚信"，关联成：

确实要**伸张**诚信。

这里对"熟悉的意思"的选择并不是唯一的，只要符合我们的记忆习惯即可。

总的来说，对于绝大部分实词的翻译，我们可以根据该实词在现代汉语中的组词去理解记忆；对于部分特殊的翻译，我们就用连锁故事法，把这些特殊翻译跟该实词其他较为常见的词义进行关联，这样我们就能够轻松记忆了。

虚词翻译的记忆法

学习了记忆实词翻译的方法技巧，我们再来一起看几个文言文虚词翻译的范例，分析可以怎么记忆虚词的翻译。虚词的处理思路和实词类似：遇到熟悉的意思直接记；遇到相对生疏的意思则单独处理。

其

> 择其善者而从之。——《〈论语〉十二章》
> 其一犬坐于前。——《狼》
> 复前行,欲穷其林。——《桃花源记》
> 其真无马邪?——《马说》
> 其真不知马也!——《马说》
> 安陵君其许寡人。——《唐雎不辱使命》

择其善者而从之。——《〈论语〉十二章》

这句话的意思:要选择他们的长处来学习。这里的"其"是第三人称代词,表示"他们"。

其一犬坐于前。——《狼》

这句话的意思:其中一只狼像狗一样蹲坐在前面。这里的"其"是指示代词,表示"其中"的意思。

复前行,欲穷其林。——《桃花源记》

这句话的意思:继续往前行船,想要走到这片林子的尽头。"其"在这里是指示代词,译作"这,这片"。

前面这三句中,"其"字表示的三个意思虽然各不相同,但是相对来说都很好理解,属于大家根据自己的常识就能够记住的类型。

其真无马邪?——《马说》

这句话的意思:难道果真没有千里马吗?"其"字在这里是"难道"的意思,表反问。

其真不知马也!——《马说》

这句话的意思:恐怕是真的不认识千里马吧!"其"字在这里是"恐怕"的意思,表推测。

安陵君其许寡人。——《唐雎不辱使命》

这句话的意思:安陵君一定要答应我。这里的"其"是"一定"的意思。

其

择其善者而从之。——《〈论语〉十二章》	他们(代人、物、事)
其一犬坐于前。——《狼》	其中(若干中的一个)
复前行,欲穷其林。——《桃花源记》	这(代词:这、那)
其真无马邪?——《马说》	难道
其真不知马也!——《马说》	恐怕
安陵君其许寡人。——《唐雎不辱使命》	一定

根据上图对"其"字翻译的总结,我们发现,后面三句话中"其"字的意思相对陌生。所以,我们需要把后面这三个相对陌生的意思"难道""恐怕""一定",跟前面三个比较熟悉的意思"他们""其中""这",运用连锁故事法建立起一个关联,于是我们得到:

他们**恐怕一定**在其中,**难道**是这位?

这里,我们用一句话把所有的意思都关联在了一起。其实平时操作的时候,只需将这三个陌生的意思跟那些熟悉的意思中的某一个或某几个关联在一起即可,数量方面没有具体限制,只要符合我们的记忆习惯就行。

乃

家祭无忘告乃翁。——《示儿》
太丘舍去,去后乃至。——《陈太丘与友期行》
当立者乃公子扶苏。——《陈涉世家》
乃不知有汉,无论魏晋。——《桃花源记》
至东城,乃有二十八骑。——《项羽之死》
蒙冲斗舰乃以千数。——《赤壁之战》
乃重修岳阳楼,增其旧制。——《岳阳楼记》

家祭无忘告乃翁。——《示儿》

这句话的意思:家里祭祀的时候,不要忘记了告诉你的父亲我呀。这里的"乃"翻译成"你的"。

太丘舍去,去后乃至。——《陈太丘与友期行》

这句话的意思:陈太丘不再等候朋友,离开了,他离开后朋友才到。这里的"乃"是"才"的意思。

当立者乃公子扶苏。——《陈涉世家》

这句话的意思:应当被立为太子的应该是公子扶苏。这里的"乃"表判断,翻译为"是"。

乃不知有汉,无论魏晋。——《桃花源记》

这句话的意思:他们竟然不知道有过汉朝,更不必说魏、晋两朝了。这里的"乃"是"竟然"的意思。

至东城,乃有二十八骑。——《项羽之死》

这句话的意思:到了东城,只剩下了二十八人了。这里的"乃"是"仅仅,只"的意思,对我们来说是比较陌生的一个翻译。

蒙冲斗舰乃以千数。——《赤壁之战》

这句话的意思：大小战船甚至用千位数计算。这里的"乃"是"甚至"的意思。

乃重修岳阳楼，增其旧制。——《岳阳楼记》

这句话的意思：于是重新修建岳阳楼，扩大它原有的规模。这里的"乃"翻译成"于是"。

乃

家祭无忘告乃翁。——《示儿》	●你的
太丘舍去，去后乃至。——《陈太丘与友期行》	●才
当立者乃公子扶苏。——《陈涉世家》	●是
乃不知有汉，无论魏晋。——《桃花源记》	●竟然
至东城，乃有二十八骑。——《项羽之死》	●仅仅，只
蒙冲斗舰乃以千数。——《赤壁之战》	●甚至
乃重修岳阳楼，增其旧制。——《岳阳楼记》	●于是

根据上图的总结，"乃"的这几个意思中，"才""仅仅，只""甚至"我们相对不是很熟悉。同样，我们把这三个意思跟我们熟悉的"你的"运用连锁故事法进行关联，就可以得到：

你的甚至仅仅才够用。

我们可以想象，有这样一个人，他非常慷慨，经常捐助他人，而他自己用的甚至仅仅才够用。这样，我们就可以记住"乃"字三个不是很常用的意思：才；仅仅，只；甚至。

通过上述实词和虚词记忆的案例分析，我们发现，在记忆文言文实词和虚词的翻译时，按照前文讲述的思路反复实践练习，记忆实词和虚词就没有想象中那么难。这里，我们把记忆思路总结如下：

实词：组词 + 连锁。

当我们遇到实词时，先组词，把能组的词都组完；如果遇到的是现代汉语里不常见的或是压根没有的意思，就用连锁故事法把它们跟我们熟悉的、常见的意思关联在一起，进行记忆、积累。

虚词：排除 + 连锁。

当我们遇到虚词时，先把已经掌握的那些意思排除掉；剩下的那些没有掌握的、记不住的、看着陌生的，运用连锁故事法把它们跟我们熟悉的意思进行关联记忆。

Chapter 2

英 语

01 单词记忆的九大方法

为了更好地了解世界、融入世界，对英语的学习不可松懈，而英语学习中最大的难点便是单词的记忆。

大部分英语不好的人认为记单词比记汉字要难很多。除了中文是母语，我们接触比较多外，我们看的汉字是带偏旁部首的，大多数生字我们是可以通过偏旁部首就能猜出大意来的。但是英文单词不同，不同的字母组合在一起便表达了不同的意思，当我们不理解其意思的时候，记起来就很困难。

大多数英语学习者都有这样的经历：本来记单词就让人心烦意乱、头昏脑涨了，花了很大的心血和力气好不容易记下来的单词，过两天就忘记了，又得重来，这个反复的过程真是太痛苦了。

没有方法的时候，我们背单词就相当于用蛮力，只能用蛮力肯定很痛苦，如果我们能借助一些方法、善用一些巧计，便能达到事半功倍的效果。在前面的章节里，我们已经学习了中文记忆的一些方法,在这个章节,我们通过一系列的科学方法来帮助我们记忆英语单词。记忆单词的方法有很多,我们的目的是根据情况选择合适的方法高效记忆。

掌握一个单词是只要记住就可以吗?不,真正的掌握需要达到以下四个境界。

1. 会读。

2. 会写。

3. 知意。

4. 会用。

在掌握单词的这四个境界中,让大家会用是学校英语老师要解决的问题,这里我们把重点放在前面三个境界上。而且会读、会写、知意这三个境界,使用记忆方法是完全能够达到的。

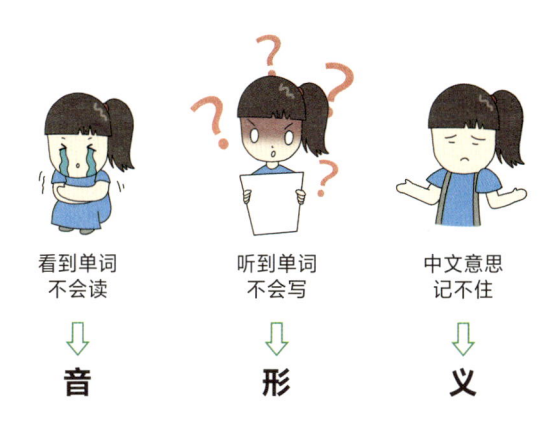

看到单词 不会读	听到单词 不会写	中文意思 记不住
⇩	⇩	⇩
音	**形**	**义**

看到单词不会读,听到单词不会写,中文意思记不住,大部分背诵英语单词有困难者都会涉及音、形、义都不会的问题。接下来,我们就通过科学记忆的三步,让大家背诵单词不再困难。

第一步，化繁为简。把一个单词拆成多个小片段或者小单元。

第二步，以熟记新。借助一些熟悉的单词或者熟悉的拼音来解构每一个小的单元。

第三步，复习巩固。

我们用两个单词来具体示范一下这三个步骤如何实施。

vacation

根据化繁为简的原则，我们把它拆成三个部分——"va""ca""tion"。

如果我们音标学得比较好，那做完这一步基本上就已经会拼写这个单词了。

"vacation"的意思是"假期"。想到"假期"，我们就会开心、心情愉悦，于是便有了：

> **假期 我 开 心。**
> vacation va /ca /tion

拼读能够让我们知道单词正确的读音，并且把字母给拼写出来，再加一点谐音，我们就能够记住它的中文意思了。所以，拼读结合谐音能够达到一个很好的记忆效果。

chrysanthemum

"chrysanthemum"是"菊花"的意思。这个单词超级长，我们同样把它拆分成几个我们熟悉的部分，比如"san""the""mum"。最后只剩前面四个字母"chry"，它不是一个单词，也不算一个拼音，怎么办？我们划掉一个字母"h"，发现得到了熟悉的单词"cry"（哭），而"h"看起来像一把椅子。就这样，这个单词被我们拆成熟悉又简短的 5 个部分。

接下来,用我们的想象力把这些熟悉的部分穿在一起,再跟它的中文意思建立一个关联,就得到了:

> 坐在 椅子 上 哭 了 三 个小时的 这位妈妈 得到一束 菊花。
> 　　　h　　　 cry　san　　　　 the mum　　　 chrysanthemum

为了让大家对"chrysanthemum"的记忆更加深刻,我们还可以给这个场景想象一幅画面:

cry(哭)
h(椅子)
san(三)
the(这位)
mum(妈妈)

前面我们提过,大家之所以觉得英语单词难记,是因为字母的不同组合代表着不同的意思,我们没法通过识字母来判断大意,所以记忆方法要做的第一件事,就是创建字母组合和中文意思之间的关联。而通过对"vacation""chrysanthemum"的记忆,我们发现,只要找对了方法,记忆多么长的单词对我们来说都不是什么困难的事。这里我们就从音、形、义三个不同的维度,总结出了九大记忆法来帮助大家记忆。

跟音相关的方法有自然拼读法、谐音法和拼音法。

跟形相关的方法有编码法、比较法、构图法。

跟义相关的方法有熟词法、词源法和词根词缀法。

单词九大记忆法

每一种方法都有它适用的场景和适用的单词,也都有它的局限性。我们记忆单词时,该如何选择?我们一起通过具体的单词记忆案例来总结归纳一下。

跟音相关的方法

自然拼读法

自然拼读法是近年来大家最为推崇的一个方法,根据字母以及字母组合的发音规律,把单词拼读出来。这个方法以掌握字母和字母组合在单词中的发音为重点,因为常见的字母组合往往有固定的写法和固定的读音。比如"cat""pat""hat",这些单词我们都学过，知道"cat"怎么读，便可以推出"pat"以及"hat"的读法；又如"keep""meet""sleep"，我们会读"keep"，便能推出"meet""sleep"的读法；甚至一些较长的单词，如"section""conversation""communication"，我们发现"tion"组合都是发同样的音。所以，自然拼读法的好处就是**通过发现字母与字母组合的发音规律，我们能够举一反三，以此类推。**

利用好了自然拼读法，我们能够达到见词能读、听音能写的效果，但是它的劣势也很明显，就是无法让我们知道这个单词的中文意思是什么。毕竟，光会读、会写还是不够的，还得知其意。这一点，用谐音法就能弥补。

谐音法

谐音法是按照单词的发音特点记忆单词的一种方法，适合用这种方法记忆的单词主要有两类：一类是引入或者是传入的外来词；另一类是发音与其汉语意思存在微妙联系的单词。

谐音法的运用可谓源远流长，使用谐音记忆中文的现象自古就有，而借助谐音记忆英文的现象在清朝就已经出现了，这其实跟我们刚开始学习英语时用中文注音是一个道理。想想当年老师们因为我们的中文式发音屡屡禁止我们使用这个方法，确实是因为在英语学习之初，这样的方法会影响我们的英语发音，且让我们无法形成英语意识。但是在我们记忆单词时，这不失为一个很好用的方法，原因在于该方法确实符合大脑学习的规律，用一个词来概括其核心，就是"以熟记新"。

什么样的单词适合用这种方法记忆呢？我们在看到单词"sofa""rader"还有"salad"时，会发现这些单词都是音译词，中文读音在这里只是起到一个提示的作用，比如我们根据"沙发"的读音，很容易就想到"sofa"，并拼写出"s-o-f-a"。

常见的音译词还有下表中的这些。

sandwich	三明治	mango	杧果
lemon	柠檬	yoga	瑜伽
champagne	香槟	nylon	尼龙
hacker	黑客	hamburger	汉堡
golf	高尔夫	bowling	保龄球
tofu	豆腐	litchi	荔枝
pizza	比萨	typhoon	台风
T-shirt	T恤	hormone	荷尔蒙

我们在学习了音标或自然拼读法之后，大概知道了这些单词的发音是什么样子的，再借助谐音的提示作用，就能够记住它们的中文意思。那谐音法只适用于音译词吗？当然不是，我们可以看看下面这几个单词，讲讲谐音法的场景运用。

blonde 金黄色的

"blonde"的发音能够谐音处理成"波浪的"。什么东西是"波浪的"？我们能够联想到芭比娃娃那"金黄色的波浪卷头发"。再借助图片加强一下记忆，我们就可以很牢固地记住"blonde"这个单词的意思了。

ambition 野心，雄心

"ambition"的中文意思是"雄心，野心"。我们可以借助一个场景来记住它：我们满怀着雄心壮志走进考场，这个时候有人让你给自己喊一句加油打气的话，你大喊了一声"俺必胜"，多么有气势呀。所以，借助谐音"俺必胜"，我们就记住了"ambition"和它的中文意思。

feast 盛宴

根据"feast"的发音，我们可以联想到谐音"肥死他"。一个人在盛宴上吃了太多东西而变得很胖，我们戏称"肥死他"。借助谐音"肥死他"，我们就记住了"feast"的中文意思是"盛宴"。

所以，能够恰到好处地处理谐音确实可以帮助我们很好地记忆单词，对于某些特别的单词，这个方法尤其管用，就比如下面这一组。

撒谎 lie — lied — lied

下蛋 lay — laid — laid

躺、位于 lie — lay — lain

这是一组我们中学时期特别容易弄混、弄错的单词。"lie"既表示"撒谎"，又表示"躺、位于"。但它表示"撒谎"时的过去式和过去分词与表示"躺、位于"时的不一样：当"撒谎"讲时，它的过去式是"lied"，过去分词是"lied"；表示"躺、位于"时，它的过去式是"lay"，过去分词是"lain"。如果只到这里，很多人会觉得："还好呀，使劲记还是可以分清的。"但是我们还需要记住"躺、位于"的过去式"lay"还有"下蛋"这个意思，而且它还有自己的一套过去式和过去分词，分别是"laid""laid"。脑袋是不是一下子就有点晕了？要怎么才能清晰地区分、记忆它们呢？

我们可以借助谐音试一下，会有意想不到的效果出现。

撒谎：lie — lied — lied

通过谐音，我们能够从"lie"联想到"赖"，"赖皮"的"赖"；后面的"lied"可以联想到"赖的"，耍赖的。一个撒谎的人可不就是喜欢耍赖嘛。我们就记住了：

> "撒谎" lie — lied — lied
> 　　　　赖　　赖的　　赖的

下蛋：lay — laid — laid

通过谐音，我们可以从"lay"联想到汉字"累"，"劳累"的"累"。母鸡下蛋是个"累"活儿，要是一只母鸡要下很多蛋，那它的状态一定是"累的"。所以：

> "下蛋" lay — laid — laid
> 　　　　累　　累的　　累的

躺、位于：lie — lay — lain

"lie"表示"躺、位于"的时候，它的过去式和过去分词分别是"lay""lain"。我们可以设想一个叫赖·雷·雷恩（"lie—lay—lain"的谐音）的人在那里躺坐着，画面感是不是很强烈？这样我们就很容易记住：

> "躺、位于" lie — lay — lain
> 　　　　　　赖　　雷　　雷恩

谐音法如果运用得巧妙，是可以把内容记忆得特别精准的。一些英语老师直接一棒子把谐音法打死，把它说得一文不值，其实大可不必，因为方法没有好坏，最重要的是把方法用对地方。既然学习中文时很多知识内容可以借助谐音法记忆，英文也是一门语言，为什么不能用谐音法呢？以熟记新本来就是大脑的一个天性。

我们在记忆单词的过程中发现，很多时候只用谐音法这一种记忆方法显然达不到好的记忆效果，但跟自然拼读法组合在一起使用，就能够很好地解决单词音、形、义的记忆问题。正所谓：药效虽好，不可单服；他方配合，药到病除！

拼音法

拼音是由 26 个字母组成的，而英文单词也是由 26 个字母组成的。有时候，从英文的角度去看一个单词可能没有任何想法，但是从拼音的思维角度去看，就会有一种豁然开朗的感觉。

我们这里提到的拼音法就是根据汉语拼音来记忆英语单词。因为英语中的 26 个字母跟汉语拼音中的字母是一样的，例如"da"就是"大"或"打"的拼音，"ta"就是"他"的拼音。所以，有时候把英语单词当成拼音来看，能联想到一个有意思的事或场景。我们同样通过几个具体的单词来体会一下拼音法的运用。

refuse 拒绝

从单词的角度看，"refuse"没有相熟的单词可以借鉴，我们找不到任何记忆思路，那我们可以试一下从拼音的角度去观察它。

"re"，我们能够想到"热"，"天气很热"的"热"。

"fuse"这四个字母正好跟与"热"相关的词语"肤色"的拼音字母一样。

我们可以设想一下,如果是在 40 摄氏度的高温天气,有人让我们出门帮他去买东西,我们通常是会拒绝(refuse)的,因为天气很热(re),会把我们的肤色(fuse)晒黑。我们可以把这个情节精练成一句话:

> **拒绝 热天** 出门,因为会把 **肤色** 晒黑。
> refuse　re　　　　　　　　　　fuse

这样我们就能够记住"拒绝"的英文拼写是"refuse"。

language 语言

对于"language"这个单词,我们从单词的角度也发现不了什么规律,那我们便从拼音的角度观察。

"lan",我们能够想到"篮"或者"烂"。

"gua",我们能够想到"瓜"。

"ge",我们能够想到哥哥的"哥"。

这样,"language"就被我们从拼音的维度拆分成了三个熟悉的部分:"篮"(烂)、"瓜"和"哥"。怎么把它们结合起来记忆呢?我们可以联想成:

> 有一个拎着一 **篮** 子 **瓜** 的 **哥** 哥,他在说别的 **语言**。
> 　　　　　　　lan　 gua　　 ge　　　　　　　　language

或者是：

> **卖 烂 瓜 的 哥 哥会很多种 语言。**
> lan gua　ge　　　　　language

如此一来，我们就能够记住"language"这个单词的中文意思和拼写了。

balance 使……平衡

我们同样从拼音的角度来观察"balance"：

"lan"，我们前文提到了"篮"。

"ce"，我们可以想到"测量"的"测"，或者"两侧"的"侧"。

"ba"，我们能够想到"爸爸"的"爸"或者"把"。

怎么把它们跟"使……平衡"联系在一起呢？我们可以想到：

> **把 篮 子放在天平的两 侧，使它保持 平衡。**
> ba lan　　　　　　　ce　　　balance

借助这句话，我们能够记住"balance"的拼写和中文意思"使……平衡"。

当然，我们也可以想成：

> **爸 爸把 篮 子放在身体两 侧，好使自己保持 平衡。**
> ba　　　lan　　　　　ce　　　　　balance

machine 机器

"machine"表示"机器",我们同样从拼音的维度去分析。

"chi",我们能够想到"吃饭"的"吃"。

"ma",我们能够想到"马"。

"ne",我们能够想到"呢"。

如何把这几部分跟"机器"组合在一起呢?我们可以联想到:

> **机器 马 也需要 吃 呢。**
> machine ma　　　 chi ne

机器马不吃东西同样干不动活儿,所以通过上面这句话,我们可以记住"machine"的意思和拼写。

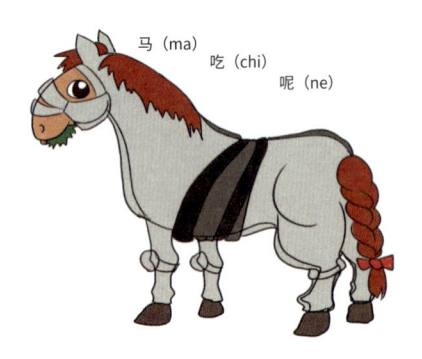

马(ma)　吃(chi)　呢(ne)

通过上面几个案例,我们发现,使用拼音法能够对单词的拼写进行精准的记忆,而且拼音法还要求单词拼写尽量跟这个单词的本义建立起逻辑上的顺承关系,不然,只是天马行空地胡思乱想,待到需要使用的时候就会发现记忆特别混乱,所以我们需要尽可能地让我们的想法跟这个单词的本义有一定的关联性。

> **小贴士**
>
> 使用拼音法的重要前提是我们会读这个单词，如果读都不会读的话，不建议考虑记忆，因为我们学习单词首先是从音标或自然拼读法开始学起，会读了再学怎么写。

跟形相关的方法

前面讲了从音的维度总结出来的三种记忆方法，但有些单词既没有与之相似的熟词可以借鉴记忆，也没法从中"提炼"出一个完整的拼音音节，那又该怎么记忆呢？我们可以从形的维度，借助三种方法——编码法、比较法、构图法来记忆。

编码法

先给大家普及一些编码法中经常使用的字母组合编码。

根据音编码——"st"编码为"石头"。

根据形编码——"ll"编码为"11"。

根据义编码——"et"编码为"外星人"。

以及：

"boo"编码为数字"600"。

"s"编码为"蛇"。

"m"编码为"麦当劳 / 米"。

"vi"编码为数字"6"。

……

在记忆单词时,如何使用编码法呢?我们用两个具体的单词来实战演示。

choose 选择

看到"oo"两个圈,我们很容易想到眼睛、鸡蛋或者甜甜圈。这里我们选用哪一个作为编码呢?如果没有想法,我们可以暂时搁置,先看其余的。

"ch",根据拼音,我们能够把它跟"吃"关联,想到"吃货"。

"se",根据拼音法,我们能够联想到"色"。

这样一分解,这个单词就可以被我们联想成:

> 吃货 要在两个 甜甜圈 的颜 色 中 选择 一种。
> ch　　　　　oo　　　　se　choose

显然,我们这里选用的"oo"的编码是甜甜圈。借助这句话,我们就能记住"choose"的拼写是"ch—oo—se"。

goose 鹅

我们用编码思维来拆分一下鹅的英文。

"goo",我们很容易想到数字"900"。

"se",我们可以想到"颜色"的"色"。

这么一来,对于"goose"(鹅)这个单词,我们就可以联想成:

> **900** 只同 **色** 的 **鹅**。
> goo   se   goose

这样我们就记住了"goose"的意思是"鹅",它的拼写是"goo—se"。

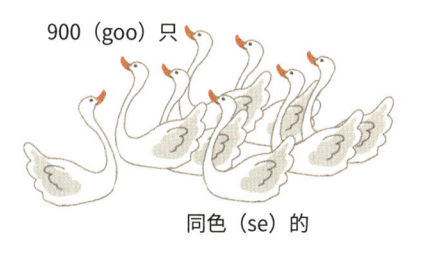

900(goo)只

同色(se)的

比较法

比较法,顾名思义,就是把一些长得特别像的单词放在一起对比记忆的一种方法。具体来说,就是利用英语单词的词首、词中或词尾仅有一两个字母之差的现象进行对比,用旧词记住新词,目的是克服遗忘、增加词汇量。

我们来看下面这三个单词。

wish	希望
fish	鱼
dish	一道菜

如果使用编码法和自然拼读法，这三个单词基本上见词能读、听音能写，所以以重点要解决的是记它们的中文意思。我们把它们的首字母进行编码处理：

"wish"的"w"，我们可以编码处理成"我"，所以"wish"的意思就是我希望（wish）。

"fish"的"f"，我们可以编码处理成"肥"或者"飞"，所以"fish"的意思就是肥鱼（fish）或者飞鱼（fish）。

"dish"的"d"，我们可以编码处理成"一道菜"的"道"，所以"dish"的意思就是一道菜。

以上是根据编码法记忆的具体过程，我们还可以在此基础上把它们编成一句话，这样就可以同时记忆这三个单词了。

> **我 希望 肥 鱼 被做成一 道 菜。**
> w wish　f fish　　　　d dish

建议大家在学习的过程中，有意识地把一些容易混淆的、容易记错的单词放在一起打包处理，这样效果会更好。

又如下面这组单词。

cock	公鸡
fox	狐狸
fish	鱼
wolf	狼
rabbit	兔子

这组单词本身不是特别相像，可以各自记忆，但是它们具有一个共同特点，就是在它们的后面都加上一个"y"，就可以得到一组表示性格的单词。

cock	公鸡	cocky	骄傲的
fox	狐狸	foxy	狡猾的
fisk	鱼	fishy	可疑的
wolf	狼	wolfy	凶残的
rabbit	兔子	rabbity	胆小的

"cock"加"y"，就变成了"cocky"，意思是"骄傲的"。我们经常说"骄傲的小公鸡"，所以我们就能记住了"cocky"的意思是"骄傲的"。

"fox"加"y"，就变成了"foxy"，意思是"狡猾的"。我们都知道狐狸是狡猾的，所以这两个词的意思也非常好关联。

"fish"加"y"，就变成了"fishy"，意思是"可疑的"。鱼生性多疑，钓过鱼的人都知道，只要有风吹草动，鱼就会跑掉，所以"fishy"的意思是"可疑的"。

"wolf"加"y",就变成了"wolfy",意思是"凶残的"。狼作为一个肉食动物,的确是凶残的。

"rabbit"加"y",就变成了"rabbity",意思是"胆小的"。"胆小"和"兔子"也非常好关联。

所以,我们把上面这些单词放在一起对比记忆的时候,会瞬间有种豁然开朗、茅塞顿开的感觉。

我们再看下面这几个单词。

quilt	n. 被子
quiet	adj. 安静的
quite	adv. 相当,完全

这几个单词是我们特别容易搞混的,但是借助编码法,我们就很容易区分它们。

"quilt"以"lt"结尾,由这两个字母我们可以联想到"冷天"的拼音首字母。冷天需要盖被子,所以我们记住了"被子"是以"lt"结尾的单词。

"quiet"表示"安静的",由结尾的"et"我们能够想到"儿童"的拼音首字母,进而可以想到:这里有一位安静的儿童。当然,我们也可以把"et"想成"外星人":外星人来了,四周都是安静的。这样我们就能够记住以"et"结尾的"quiet"的意思是"安静的"。

"quite"以"te"结尾。"te",我们根据拼音法能够想到"特别"的"特"。"相当,完全"表示一种程度,正好跟"特别"的"特"性质一样。

所以，通过比较法找到单词间的差别，再各个击破，就可以实现单词的高效记忆。比较法也是我们学习过程中经常用到的一种非常实用的方法，不光适用于记忆英语单词，在理科学习中也经常使用，大家不妨在学习中多多注意，看还有哪些知识内容的记忆可以使用到比较法。

构图法

构图法是跟形相关的记忆方法中的最后一种。大家都见过一些独具特色的企业 logo，在设计师的奇思妙想之下，企业的名字经过巧妙的艺术设计，最终变成了画一样的标记，让人印象深刻、过目不忘。这其实跟我们用构图法记忆英语单词是一个道理。我们的大脑更容易记忆图像信息，将部分单词用图画的形式呈现出来，就可以直接记在大脑中，这种方法就是构图法。比如，我们可以把"ee"看成一双眼睛。

我们在序言中讲过，训练记忆的过程，也是在训练我们的创造力、想象力以及形象思维能力，对提升我们的艺术能力是有帮助的。同时，创造力、想象力以及形象思维能力得到提升，也能够帮助我们更好地记忆。

下面我们继续以具体的单词作为分析案例，体验一下构图法在单词记忆中的妙用。

owl 猫头鹰

我们可以对这个单词进行怎样的变形呢？把"o"画成一只圆圆的猫头鹰，把"w"画成树枝，把"l"画成树干，这样我们就得到了下页这张图片：一只蹲在树枝上的猫头鹰。是不是很形象？借助这张图片，我们就能够把"owl"这个单词轻松记住了。

owl 猫头鹰

构图法的优点在于它比较好玩，但是它也有很明显的弊端，就是不适用于背长难单词。比如，记忆"bed"，我们可以先画一张由"b"和"d"构成的床，然后在床上画一个像"e"一样的叠好的被子；记忆"now"这个单词，我们可以把它中间的"o"画成一个钟面，左面是钟链形成的"n"，右面是钟链形成的"w"。在创作的过程中，我们结合了字母的形状，对较短的单词进行了艺术加工，但是对于一些较长的单词，我们与其花费大量时间和心思考虑如何进行构图创作，还不如早早采用别的方法记忆。所以说，构图法比较适合初学者，在采用绘画创作激发记忆单词兴趣的同时，还可以提升创造力、想象力、形象思维的能力，可谓一举多得。

bed 床

now 现在

跟义相关的方法

熟词法

所谓熟词法,就是根据单词里隐藏着的那个我们熟悉的单词去记忆新单词的方法。使用熟词法记忆效果最好的当数合成词。这里我们跳过这类词,以别的类别的单词为案例,看看熟词法是如何使用的。

groom 新郎

"room",大家都很熟悉,中文意思是"房间"。"groom"多了一个字母"g",由"g"我们能够想到"哥哥"的"哥"。所以,借助"room"这个熟词,我们能够联想到:

> 哥 哥在 房间 里成了 新郎。
> g　　　　room　　　　groom

这样,我们就轻松地记住了"groom"的拼写和它的中文意思。

g（哥）　　room（房间）

capacity 容量

"capacity"这个单词的字母稍微有点多,但经过观察,我们还是发现了两个熟悉的单词,一个是"cap"(帽子),另一个是"city"(城市);中间的那个"a",我们可以把它看作表示"一个"的"a"。这样我们就把"capacity"拆分成了三个部分:"cap"(帽子)、"a"(一个)和"city"(城市)。我们可以联想到一个超级大的帽子能够盖住一座城市,得到:

> **帽子 盖住 一 座 城市,容量 真大啊。**
> cap　　　　a　　　city　capacity

通过这句话,我们就能记住"capacity"的中文意思是"容量",它的拼写是"cap—a—city"。

上面这两个单词都属于容易拆分出其他单词的词,那遇到不太容易拆分的单词时,我们应如何处理呢?

sinister 险恶的,邪恶的

"sinister"中有没有隐藏我们熟悉的单词?好像有个"in",而且去除了"in",剩下的字母正好是另外一个单词——"sister"。"in"表示"在……里面","sister"表示"姐妹"。既有"姐妹",又跟"邪恶的,险恶的"相关,我们能够想到的是童话故事《灰姑娘》,里面的主人公灰姑娘就有总是对她有着邪恶的心思的姐妹。所以,我们能够联想到:

> **她的这个 姐妹 心 里 有一个 邪恶的 想法。**
> 　　　　　sister　　in　　　　　sinister

如何记住"in"在单词中的位置呢？我们可以继续联想：**那个对她有着邪恶想法的姐妹，刚好站在第二个的位置上。**这样我们就能记住"in"插在第二个字母的位置，从而记住单词的拼写是"s—in—ister"。

这就是熟词法的使用过程，由已学知识联想未知知识，减轻记忆压力。但是这种方法的使用也有局限性，就是要求我们具备一定的词汇基础。

词源法

词源法，顾名思义，就是通过研究这些字母的本源、单词的本源，加深对单词的理解，从而帮助记忆的方法。

大家知道，中国的汉字有"六书"讲其造字原理。同理，英文字母、单词也是有来源的。如果我们找到这些单词的来源，那我们记起单词来就会变得容易一些。

中国汉字是从甲骨文演变而来的，如下页图所示，右边是"角"字，中间是"雨"字，最左边是"鱼"字。我们根据它们的外形就能够大致猜出这些字的含义，其实英文单词也是一样的。

字母"A"是根据牛角的形状来的。在古代,家里有牛就能够耕地,就能够生产食物,食物就代表着财富。所以以字母"A"开头的单词,很多都是跟财富相关的。

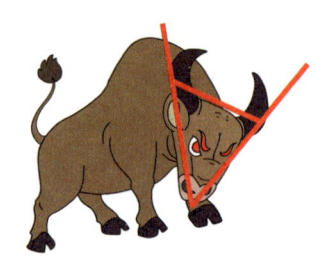

字母"D"是由山洞的拱形来的。在原始社会中,我们人类的祖先是住在山洞里的,洞口的形状是类似翻倒的"D"的拱形。门的形状也是这样的,所以大部分跟门相关的单词都是以字母"D"开头的,比如"door"。

字母"H"的由来跟栅栏有关,因为栅栏的形状像"H"。

字母"B"的由来跟房子相关。人们原来住的房子都有一个个翻倒的"D"那样拱形的洞。把"B"拆开,只看它的上半部分,就是一个房子拱形的门洞。一间间房子连在一起,就成了一个"B"的形状。所以,大多数以"B"开头的单词都是和拱形结构相关的。

明白了字母的起源,很多单词我们就好理解了。我们来看一些以"B"开头的单词。

"bath"(浴缸):一般浴缸是椭圆形或拱形的,所以字母"B"表示弧形、拱形。

"bow"（弯腰、鞠躬）：字母"B"表示弧形、拱形，所以"bow"以"B"开头就很好理解了；而"rainbow"（彩虹）为什么是"rain"加"bow"，我们也能理解了。

"back"（后背）：因为人老了，后背是弯曲的，所以这个单词以"B"开头。

"ball"（球）：这个单词以"B"开头，是因为球的表面是弯曲的、有弧形的。

"basket"（篮子）：与"ball"的原因一样，篮子的外形也是弧形的、拱形的。

当然，"B"这个字母还和木材相关，因为在古时候，除了泥土，建房子用得多的材料便是木材。下面这一系列以"B"开头的单词都是和木材相关的。

"bar"（酒吧）：酒吧跟木头有什么关系呢？最早的酒吧是一个房子，房子外面插了一排木板，围成了一圈。所以，酒吧的英文单词就以"B"开头。

"board"（板子）：板子毫无疑问跟木材有关。

"bed"（床）：床跟木材有关。

"boat"（船）：船也是跟木材相关的。

"book"（书）：因为纸是由木浆制造的，木浆又来自木材，所以书也跟木材相关。

前面讲的这些都与字母的来源相关，其实英语中的许多单词也是有来源的，它们很多源于希腊神话或罗马神话里的神。就比如"genie"（精灵）、"siren"（汽笛）、"fortune"（财富）、"psyche"（灵魂）、"museum"（博物馆）、"luna"（月亮）等，它们都跟神话中的诸神有关。

genie：精灵。"genie"的中文意思是"精灵"，它其实是由革尼乌斯（Genius）而来的。革尼乌斯是罗马神话中的守护神。在艺术作品中，他通常被描绘为带翼的生物。罗马人认为革尼乌斯是人的善良灵魂，他使人们形成各种性格，并一生附在男人身上。所以，"genie"的词性又和我们人类所具备的一些天赋、性格相关，还引申出了一些新的单词。

gene：基因。一个人的天赋、天资、天性往往源于基因遗传。

genius：天才。"天才"也是根据"精灵"这个单词引申而来的。

museum：博物馆。缪斯（Muse）是艺术之神，掌管着人类的艺术天赋。"museum"一词发源于希腊语 Mouseion，意即供奉艺术之神缪斯及从事研究的住所。

又因为缪斯主管人的艺术天赋，所以跟"mus"相关的单词，我们通常都可以理解为是与艺术相关的，就比如"music"（音乐）。

词源法的优点是，如果我们真的花时间去研究了单词，就能一通百通，但它的弊端也很明显，就是我们要花大量的时间、精力去研究。对于做研究的人来说，词源法是一种很好的方法，但是大部分人可能没有那么多的时间和精力去"考古"。

词根词缀法

在中小学阶段需要掌握的单词里面，有词根词缀的单词还不是很多，但是随着学习的深入，到了大学阶段，词汇里便会出现大量包含词根词缀的单词。

词根词缀是什么？它们就相当于偏旁部首，词根表示这个单词的本义，前缀能够改变这个单词的含义，后缀能够改变这个单词的词性。我们了解了单词的词根词缀以后，对很多单词基本上能够做到看词能懂、见词知义，比如单词"reaction"（反应）。

"re"是前缀，表示"重新、返回"。

"act"是词根，表示"动作、行为"。

"tion"是后缀，表示名词词性。

所以，"reaction"最原本的含义是返回某个动作，就是当别人做了一个动作，对对方的动作进行回应，这个回应的动作就是"反应"。

又如词根"spect"（看），如果添加不同的前缀和后缀，我们将得到不同的单词。

同根词

词根：spect 看

（源于拉丁语，最早来源可追溯到古印度的梵语"看"spak/spek）

前缀：in- 在……内部　　　　　　inspect 检查
前缀：pro- 向前，前方　　　　　prospect 前景
后缀：acle- 名词　　　　　　　　spectacle 壮观的景象

所以，掌握了一些基础的词根词缀，也就意味着我们掌握了很多单词。常见的词根词缀也就几百个，时间和条件允许的话不妨提前背一背，对我们日后记忆更多的单词会有很大的帮助。

以上就是英语单词记忆的九种方法，它们各自具有不同的技巧和特点，我们可以根据我们的实际情况，选用适合我们自己的方式记忆单词。

如果你是一位单词初学者，自然拼读法、谐音法、拼音法、构图法，这些都非常合适。

等学习进入中后期，我们有了一定的基础和词汇量后，就可以更多地用熟词法、词根词缀法。

如果只是记不住单词的意思，或者记不住单词的拼写，使用拼音法、编码法就比较好。

如果是不知道单词的读音，可以使用自然拼读法。

总之，学习是需要变通的，在不同的学习阶段，根据我们的基础和需求的不同，应当采用不同的记忆方法。

方法总结

单词记忆的九大方法

跟音相关的方法：自然拼读法、谐音法、拼音法。

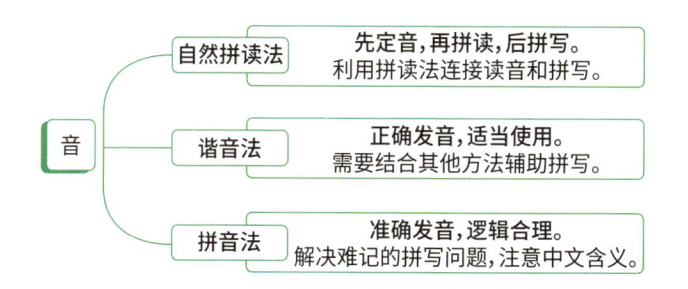

音
- 自然拼读法：先定音，再拼读，后拼写。利用拼读法连接读音和拼写。
- 谐音法：正确发音，适当使用。需要结合其他方法辅助拼写。
- 拼音法：准确发音，逻辑合理。解决难记的拼写问题，注意中文含义。

跟形相关的方法：编码法、比较法、构图法。

编码法

优势：
应用的范围很广。

注意点：
可以先记住常见编码，减少后期的记忆阻力。

比较法

优势：
对比的词汇中有熟词时，效果更佳。

注意点：
如果单词之间不够相似，则不能使用该方法。

构图法

优势：
形象化，更好记。
适合幼小启蒙。

注意点：
需要大开脑洞，并结合其他方法解决单词拼写问题；另外，不适宜长单词的记忆。

跟义相关的方法：熟词法、词源法、词根词缀法。

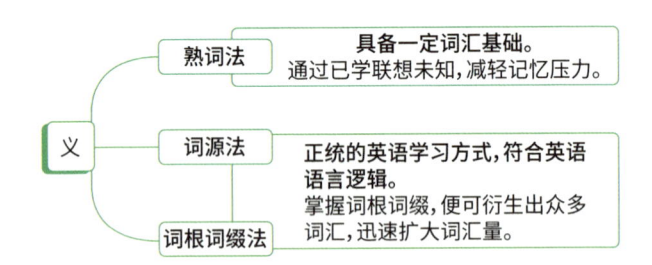

义
- 熟词法：**具备一定词汇基础。** 通过已学联想未知，减轻记忆压力。
- 词源法
- 词根词缀法

正统的英语学习方式，符合英语语言逻辑。
掌握词根词缀，便可衍生出众多词汇，迅速扩大词汇量。

02 单词实战记忆

俗话说得好,"实践出真知"。通过上一节内容的学习,我们知道了英语单词记忆的九大方法,但光学习了方法不实践,不是真功夫,所以在这一节的内容里,我们要通过一些单词的实战记忆,体验如何根据单词的实际情况,灵活选用方法进行记忆。

我们在前文中提到,科学记忆有三个步骤:**化繁为简;以熟记新;复习巩固**。不同的环节有不同的侧重点,这里我们主要练习"以熟记新"这个环节,带领大家根据不同单词的情况,合理排列方法的优先级,挑选最高效的记忆方法。

以熟记新,说起来简单,实际做起来并不容易。我们在进行记忆时会经常使用九大方法里的其中四种:熟词法、词根词缀法、拼音法和编码法。具体如何操作呢?

我们看到一个新单词时,第一步看能否从这个新单词里摘出我们熟悉的单词。如果能，我们就很容易给它们建立起一个关联。

第二步找词根词缀。如果没有熟悉的单词，那我们就找熟悉的词根词缀。词根词缀的记忆是非常重要的，越是学到后面，含有词根词缀的单词比例就越高，所以有精力的同学不妨提前背背词根词缀。

第三步找拼音。如果我们也没有从单词中找到熟悉的词根词缀，那我们便看是否可以从中提取出你熟悉的拼音，比如我们之前讲过的对单词"language"的记忆（烂、瓜、哥）。

第四步使用编码。如果我们也没有从单词中发现拼音，那就可以使用编码去记了。

考虑到大部分人背单词都是拿起一本书一个单元接着一个单元地背，从第一个单词背到最后一个，在此，我们选用了高中英语会学到的单词进行实战演练。我们以 10 个为一组进行分组，由于篇幅的关系，我们这里只讲解一组，即 10 个单词。

> 1.earthquake 地震　　6.farmyard 农场、农家
> 2.right away 立刻、马上　7.pipe 管子、导管
> 3.well 井　　　　　　　8.burst 爆裂、爆发
> 4.crack 裂缝、噼啪声　　9.million 百万
> 5.smelly 发臭的　　　　10.event 事件

看到单词列表后，我们要做的第一件事，就是对单词进行分类，把一些特别简单的单词剔除出来，剩下的就是我们需要重点关注的单词。比如，在这一组词里，"right away"（立刻）很简单，属于我们看一遍就会的，所以不需要重点关注。这里面还有一个

我们熟悉的"面孔"——"well",在这里它有了新的释义"井",早前我们学过它"也"的意思,所以记忆"井"也非常简单,我们可以想到"这里也有一口井",就把"well"的"井"和"也"的意思都包含记忆了。

剔除了这两个简单的单词和短语,剩下的 8 个单词就需要我们重点关注、记忆了。因为这里我们进行的是单词实战讲解,每个人对单词的接受程度不同,所以每个单词我们都会进行讲解。接下来,我们按照顺序一一进行。

1. earthquake 地震

首先,我们化繁为简。毫无疑问,这是一个合成词。我们对它进行拆分,可以得到:"earth"(土地)+ "quake"(震动)。"earth"是我们很熟悉的一个单词,"quake"相对来讲就比较陌生,也就意味着我们需要重点记忆的是 **"quake"(震动)**。

接下来,我们按照"以熟记新"的四个步骤,其实也就是四大方法,对"quake"进行分析。

第一步,观察"quake",看是否能从中摘出我们熟悉的单词?不能。

第二步,看"quake"里有没有熟悉的词根词缀?也没有。

第三步,"quake"里能否提取出拼音?我们发现,由"qu"可以想到"去",由"ke"可以想到"可","a"是我们熟悉的字母。这么一来,"quake"就变成了"qu"(去)+ "a"(一)+ "ke"(可),结合"震动"的含义,我们可以联想成:

> **去** 一 个 **可** 以躲避 **震动** 的地方。
> qu   a   ke   quake

借助这个思路,我们就可以轻松记忆"quake"的拼写和含义,进而记住"earthquake"(地震)这个单词。

> **小贴士**
>
> 记单词时,尽量把单词所表达的含义在脑海里形成一个画面,画面感越强,回忆的时候就越清晰。经过对"earthquake"(地震)的一系列拆分组合,我们能形成下面两个画面,把这两个画面合二为一,想象一下,"**发生地震了,我们去了一个可以躲避震动的安全的地方**",就能拼写出 earth—qu—a—ke(地震)。这也是用方法记忆的一个优势所在,能够把记忆和单词的本义结合在一起。

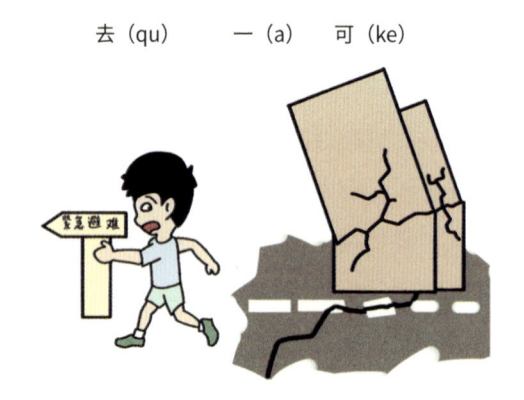

去(qu)　　一(a)　　可(ke)

2. right away 立刻、马上

这个词组是"right"（立刻）+"away"（离开）。

"right"有"刚刚、恰好、立刻"的意思，它还能组成另外一个短语"right now"。这个短语我们看一看就能够记住，这里我们不做重点讲解。

3. well 井

前文我们提到可以用口诀"这里也有一口井"来记忆"well"的两种含义，或许有的人觉得不太好用，我们也可以按照前文讲的四个步骤来记忆。

通过观察，我们发现从"well"中可以提取出一个熟词"we"，就是"我们"的意思，而剩下的"ll"既不是词根词缀，也不是拼音，那我们就对它进行编码处理，编码为"11"。由"我们""11"和"井"，我们可以想到"我们在这里发现了 11 口井"，或者是：

> **我们** 挖了一口 **11** 米深的 **井**。
> we   ll   well

这样，我们就记住了"well"的"井"的含义。

我们（we）

11（ll）米

4. crack 裂缝、噼啪声

"crack"的中文意思我们可以这样理解：当一个事物产生裂缝时，还会伴随着一声噼啪声。怎么记忆"crack"呢？

"crack"中没有熟词，没有词根词缀，没有完整的拼音，那我们就用第四步编码法来记忆它。我们按常规的编码方式会把"cr"编码成"超人"，就是"超人"拼音的首字母；把"ck"编码成"长裤"；"a"使用"一"的意思。将"超人""一""长裤"关联在一起，我们可以联想到：

> 超人 把 一 条长裤穿出了 裂缝，还发出了 噼啪声。
> cr   a   ck   crack

为了更好地记忆，我们还可以在脑海中想象一幅画面，通过富有趣味的画面增强我们的记忆效果。

超人（cr）　一条（a）　长裤（ck）

5. smelly 发臭的

通过观察，我们发现"smelly"里有一个熟词"smell"（气味，臭味），"smelly"就是根据"smell"来的，表示"发臭的"。我们吃过的食物中,提到"发臭的",我们首先想到的是臭豆腐,但在这里,臭豆腐跟"smelly"没有什么关联。我们再来观察"smell","看"到了一个熟悉的单词"me",翻译成"我";而"ll"在前文被我们编码成了"11";"s"被我们编码成"是"。这样我们就把"smell"拆分、编码成了"s"(是)+"me"(我)+"ll"(11),再结合"smell"的含义"臭味",貌似关联不起来,也就是说将"ll"编码成"11"在这里不适用。那我们还能把"ll"编码成什么呢?与"ll"有关系,气味还有点臭,由此我们很容易想到一种特别的水果——榴梿。将"11"替换成"榴梿",我们就可以把它们关联成:

是 我 闻到了 榴梿 的 臭味。
s me　　　ll　　　smell

是(s)
我(me)
榴梿(ll)

榴梿对于那些不喜欢它的人来说,可谓奇臭无比,想象一下那个画面,我们就能够对"smell"记忆深刻。再加上一个表示形容词后缀的"y",我们就记住了"smelly"(发臭的)。

6. farmyard 农场、农家

"farmyard"也是一个合成词，由"farm"（农场）和"yard"（院子）两部分组成。所以化繁为简后，我们核心要记的就是"yard"，因为"farm"这个单词我们上小学时就学过了。怎么记忆"yard"呢？我们观察后发现，它里面既没有我们熟悉的单词，也没有我们熟悉的词根词缀，只有一个我们熟悉的拼音"ya"。由"ya"，我们能想到亚热带的"亚"，刚好后面的"rd"是"热带"的拼音首字母，这样我们就把"yard"处理成了"亚热带"，与它的中文意思进行关联，我们就可以得到：

> 亚 热带 地区的 院子 好有特色。
> ya rd   yard

我们还可以把"ya"联想成"呀"，表示惊叹，这样我们就得到了：

> 呀！热带 地区的 院子 好有特色。
> ya rd   yard

远处（far）妈（m）　　　　呀（ya）热带（rd）

不管采用哪种方法，只要能够记住"yard"这个单词都是可以的。"farm"可以联想成"远处（far），妈（m）妈在农场（farm）上干活儿"，这里就不具体展开方法了。我们也可以在脑海中想象画面，帮助我们加深对单词"farmyard"（农场、农家）的记忆。

7. pipe 管子、导管

我们同样按照"以熟记新"的四个步骤来分析一下"pipe"这个单词，发现它里面既没有熟悉的单词，也没有熟悉的词根词缀。拼音的话，提取到了一个"pi"，我们能够想到"批"，结合单词的含义，我们能够想到"批发管子"。剩下的"pe"不是拼音，所以我们可以对它进行编码处理，编码成"便宜"。结合前面分析获得的信息，我们就可以得到：

> **批** 发 **便宜** 的 **管子**。
> pi　　　pe　　pipe

这样我们就能够轻松记住"pipe"的拼写和含义。同样，我们也可以在脑海中形成画面以增强记忆效果。

8. burst 爆裂、爆发

我们还是按照以熟记新的四个步骤来逐步分析"burst",发现它也是不含我们熟悉的单词,不含熟悉的词根词缀。根据拼音可以提取到"bu",我们能够由此想到"不";"bur",我们能够由此想到"不如";"st",我们能够由此想到"试探"。把"不如""试探"跟"爆裂、爆发"关联在一起,我们可以想到:

> 战场上埋了地雷,我们 **不如 试探** 一下,看它会不会 **爆裂**。
>   bur st   brust

我们还可以用另外一种方式:将"bu"想成"不",将"st"编码成"石头",于是我们将"rst"联想成"扔石头"。战场上可能有地雷,所以不能乱扔石头,以防引发爆裂,连起来就是:

> **不 要 扔石头** 到地上,会引起 **爆裂**。
> bu   rst   brust

不(bu)

扔石头(rst)

我们可以想象自己身处战场时的画面，明知道自己周围可能到处都是地雷，是选择试探一下看地雷会不会爆炸呢，还是告诫自己不要扔石头以免引爆地雷呢？不管选用哪种方式，总之我们记住了"burst"这个单词及其含义。

9. million 百万

我们在以熟记新的第一步，观察有没有熟悉的单词时，发现了熟悉的"lion"（狮子）。对其余的部分继续分析，我们可以由"mil"想到"迷路"的拼音，因此可以这么记：

迷路 的这头 **狮子** 价值 **百万**。
　mil　　　　　lion　　　million

迷路（mil）

狮子（lion）

10. event 事件

我们观察"event"，发现它含有一个我们熟悉的单词"eve"（前夕）。剩下的"nt"不是单词，不是词根词缀，也不是拼音，我们需要用编码的方式对它进行处理。我们把"nt"编码成"逆天"。

于是"event"被我们拆分、编码成了"eve"（前夕）和"nt"（逆天），与"事件"结合，我们可以想到：

前夕 发生了 逆天 的 事件。
eve　　　　　　nt　　　event

前夕（eve） 逆天（nt）

当然，对很多同学来说，"event"本来就是个超简单的单词，不需要花费过多精力去记忆。

我们按照科学记忆的步骤对这一组的 10 个单词进行了实战讲解，接下来我们需要在脑海中对单词进行巩固记忆，试着根据单词的含义拼写单词，如果其中有哪一个单词我们回忆起来有困难或者是不熟练，我们就需要对这个单词进行重点标记，并多记几次。一切都记忆熟练后，我们再进入下一组单词的记忆中。

单词记忆注意事项

第一点：背单词的同时在脑海中想象单词本义的画面。因为我们是用记忆方法记的，若把通过记忆方法构建的画面跟本义的画面结合在一起回忆，记忆的效果会更好。

第二点：背完后短期内多次重复（以回忆为主）。因为根据艾宾浩斯遗忘曲线，遗忘的速度总是先快后慢，并且在你刚记完的一小时内，衰减的速度是最快的。所以，我们需要在短时间内尽量多次复习，这样记忆效果才会更好。背完单词后，千万不要等到复习的时候才从头到尾看一遍，那个时候看一遍用处是不大的，因为你压根不知道自己有可能会遗忘哪些单词。所以，我们必须在脑海里留下回忆，只有这样，我们才能够真正检测出哪些单词是我们容易遗忘的。把这些容易遗忘的单词筛选出来，在脑海里回忆一遍，下次再测试一下，这种回忆叫作主动回忆。

小贴士

学霸的复习技巧

有一位成绩总是班级第一的学霸分享他的学习经验，很简单，就是在课堂上把老师当堂讲授的知识复习多遍。别人听一节课或许只是听了一遍，而对这位学霸来说，他不光听了一遍，还在课堂上复习了三四遍。他是怎么做的？当老师在课堂上讲完一个知识点时，他会马上在脑海里对知识点进行回忆；等老师把板书擦掉时，他又在脑海中回忆了一遍；后面只要课堂上有一点空闲时间，他就会复习、回忆老师前面讲的内容。这样，等他晚上写作业的时候，他脑海中的

> 思路就会特别清晰,因为老师上课讲的内容,他已经在课堂上消化吸收了。这种学习方法确实是比较高效的,而且这种方法也符合艾宾浩斯遗忘曲线的规律。根据艾宾浩斯遗忘曲线的规律,我们遗忘的速度总是先快后慢,所以我们刚刚学完某些知识后,短时间内多复习几次,会比我们在一两天后再复习高效得多。

第三点:背练结合。我们把一个单元的单词背完,最好再做一下这个单元的相关练习题,因为记完单词后还要知道该怎么用。做题的过程其实就是锻炼使用的过程,而且做题也是另外一种形式的复习和巩固。所以,背练结合的效果是最好的。

Chapter 3

道德与法治

01 逻辑法之道德与法治

道德与法治是很多同学比较头疼的一门学科,大家觉得它知识点多,且相互之间看似没有什么关联性。其实这是一门相对来说比较有逻辑的学科。大家可以思考一下,我们国家制定的法律法规、拟定的政治理论,以及一些领导人的发言,其背后是否都有逻辑性?答案是肯定的。所以,根据道德与法治这门学科具有内在逻辑的这一特点,我们需要做的就是梳理出知识点的内在逻辑,以帮助我们记忆各知识要点。

我们通过习题来具体地看一下逻辑法在道德与法治中的运用。

借助生活经验记忆

我国公民的基本道德规范是(　　)。

A. 爱国守法、正直诚信、团结互助、艰苦朴素、忠于职守
B. 爱国守法、明礼诚信、团结友善、勤俭自强、敬业奉献
C. 爱国守法、谦虚谨慎、团结合作、勤勤恳恳、自力更生
D. 爱国守法、诚信公正、互敬互爱、勤俭自强、敬业奉献

上面这道题考查的是"我国公民的基本道德规范",正确的答案:爱国守法、明礼诚信、团结友善、勤俭自强、敬业奉献。五个要点看着并不存在直接的逻辑关系,如何记忆呢?我们可以这样想,我们每一个人都是公民,所以这道题跟我们每一个人都息息相关,我们记忆的时候可以借助生活中的经验,根据每一个知识要点的针对对象,人为地创造一个逻辑来帮助记忆。

其中,"勤俭自强"一般是对自己的要求。所以,我们可以想象一下自己平时是如何勤俭自强的,在脑海中形成一个画面。

"明礼诚信",面对家人时,我们要坦诚以待,不能欺骗家人,所以"明礼诚信"是指对家人的态度。

"团结友善",一般是指对同学、对朋友、对身边的人的态度。

"敬业奉献",我们一般会联想到:对工作我们要敬业奉献。

"爱国守法",这个很明显,是对国家的态度。

就这样,我们把五个要点转化为"对自己,对家人,对朋友,对工作,对国家"这样一个由小逐步放大的逻辑过程,人为地建立起一条记忆线索,这样再去记忆"我国公民的基本道德规范"时,就会很容易,而且不容易记错。

记忆方法:勤俭自强(对自己)、明礼诚信(对家人)、团结友善(对朋友)、敬业奉献(对工作)、爱国守法(对国家)。

> **小贴士**
>
> 我们辅助记忆时建立的逻辑线索并不是唯一的，可以根据自己的思维习惯去建立对应关系，只要能够依据线索把每条内容精准地复述出来即可。

或许有人会问："这里的顺序可以调整吗？"因为这里的要点之间本身没有固定的前后顺序，所以我们可以形成一个从小到大的逻辑线索，便于我们更好地记忆。

所以，借助逻辑，我们记住"我国公民的基本道德规范"知识要点后，再回头看上面的题目，无论题目中给出的选项内容多么相似，我们都会很坚定地选出正确答案：B。

联系生活场景记忆

我们学习的目的是更好地生活，那我们的生活也应该反过来有助于我们的学习。因此，在学习中如果碰到一些跟我们的生活息息相关的内容，我们不妨联系生活场景记忆，就比如下面这道题。

材料： 近年来，校园欺凌现象不断出现在公众视野，侮辱谩骂、群殴打斗、拍照上网……为此，国务院教育督导委员会办公室向各地印发《关于开展校园欺凌专项治理的通知》，首次从国家的层面对校园欺凌进行治理。

请结合材料回答下列问题：

当你遭到校园欺凌的时候，你会怎么做？

这道题考查的是关于"防范校园欺凌"的知识点，在记忆要点的时候，我们不妨结合我们的校园生活场景进行记忆。如果在学校遇到这种校园欺凌，我们会采取什么措施呢？大致包含以下几方面：

第一，保持镇定，采取迂回的战术，尽量地拖延时间，寻找机会求救。

第二，及时告诉老师、家长或者拨打110报警。

第三，当自己的生命健康受到他人的侵害时，我们应该依法自卫和寻求法律保护。

第四，人格尊严受到了侵犯时，我们应当勇敢地拿起法律武器，通过采用自行与侵权人协商、请求司法保护等方式，要求侵权人停止侵害、赔礼道歉、赔偿损失。

首先是"保持镇定，采取迂回的战术，尽量地拖延时间，寻找机会求救"。当我们在回家路上或在校园中遇到霸凌的人，或者说是欺负人的人，我们首先要做的就是镇定下来，想办法拖延时间，不要那么快地跟他们起冲突，因为越快起冲突，就越快受到伤害；然后寻找机会向他人求救。用一个词概括的话，可以是**"拖延"**。

不管我们的拖延措施有用没用，也不管我们最终找没找到外援，事情过后我们都要"及时告诉老师、家长或者拨打110报警"。这叫"找帮手"。

如果在这次欺凌事件中，我们的生命健康受到侵犯，这时候我们可以怎么办呢？我们应该拿起法律武器去反抗，依法自卫，然后寻求法律的保护。如果当时跟对方起了冲突，即使对方受了伤，过后我们也要寻求法律的保护，因为他们只要侵害了他人，就要负法律责任。这个措施可以总结为"自卫"。

自卫还有另外一种情形，就是我们的生命健康没有受到威胁和侵害，但是人格尊严受到了侵犯，比如说对方嘲笑、讽刺、挖苦、辱骂我们之类的，这些都属于人格尊严受到侵犯。当我们的人格尊严受到侵犯时，我们同样应该勇敢地拿起法律武器保护自己，如"自行与侵权人协商"，要么让他给我们道歉，要么我们通过法律途径起诉他之类的。如果协商不成，我们就可以"通过请求司法保护等方式，要求侵权人停止侵害、赔礼道歉、赔偿损失"。所以，自卫这一措施也需要分两种情况进行记忆，即"生命健康受到他人的侵害时"和"人格尊严受到了侵犯时"。

结合我们的校园生活场景，我们可以将采取的措施分成相互关联的几个部分，层层递进地进行记忆。

逻辑线：拖延—找帮手—自卫（生命健康和人格尊严被侵犯）。

拖延	我们遇到校园欺凌的时候，第一步采取拖延的办法。保持镇定，采用迂回的战术，尽量拖延时间，找机会求救
找帮手	不管事情结果如何，过后一定要及时告知老师、家长或者拨打110报警
自卫 — 生命健康受到侵害	依法自卫和寻求法律保护
自卫 — 人格尊严受到侵犯	勇敢地拿起法律武器，如通过采用自行与侵权人协商、请求司法保护等方式，要求侵权人停止侵害、赔礼道歉、赔偿损失

将知识点内容与我们的生活场景相关联，再将内容提炼、概括成一条逻辑线，记忆起知识内容来就很顺畅、很简单了。

寻找知识点背后的逻辑关系

也不是所有的知识点都可以跟我们的生活经验和生活场景相关联，对于那些看似没有关联的知识点，我们又可以采取什么逻辑记忆策略呢？接下来我们可以看看如何运用逻辑法记忆"中国梦"。

中国梦

中国梦的基本内涵是国家富强、民族振兴、人民幸福；实现中国梦必须走中国道路、弘扬中国精神、凝聚中国力量；中国梦归根到底是人民的梦，必须紧紧依靠人民来实现，必须不断为人民造福。为实现中国梦，中国共产党确立了"两个一百年"奋斗目标。

怎么归纳这段话的逻辑呢？我们可以把它分成几个层次分别来看。

第一句话讲的是"中国梦的基本内涵"：国家富强、民族振兴、人民幸福。我们很容易看到这三者之间的逻辑关系：**国家、民族、人民**，"国家"一般跟"富强"相关联；"民族"一般跟"振兴"相关联；"人民"一般跟"幸福"相关联。这样我们就记住了"中国梦的基本内涵"。

第二句话讲的是"实现中国梦的方式"：走中国道路、弘扬中国精神、凝聚中国力量。怎么记忆呢？"走中国道路"，这个没有疑问，因为这是"中国梦"，所以当然要走中国道路；后面的"弘扬中国精神"和"凝聚中国力量"，我们可以借助词语**"精神力量"**来记忆，而且先说的是"精神"，要"弘扬"，再说的是"力量"，要"凝聚"。所以，第二句"实现中国梦的方式"我们也记住了。

第三句讲的是"中国梦的实质"：是人民的梦，必须紧紧依靠人民来实现，必须不断为人民造福。为什么说中国梦归根到底是人民的梦呢？因为，国家是由人民组成的，人民才是一个国家的根本。"水能载舟，亦能覆舟"，所以中国梦需要"依靠人民来实现"。而"人民"对应的是"幸福"，所以"要为人民造福"。所以，第三句"中国梦的实质"我们也很容易就记住了。

第四句说的是为了实现中国梦，我党还立了奋斗的目标："两个一百年"奋斗目标。我们在做一件事情前，必须确立一个明确的目标。在这里，"要做的事情"是"实现中国梦"；"确立的明确目标"是"两个一百年"奋斗目标。

这么一来，我们就把这一段文字完整地记下来了，我们不妨通过一道选择题,来检验是否真的记住了"中国梦"的内容。

中国梦视野宽广、内涵丰富、意蕴深远。中国梦的本质是（   ）。
A. 国家复兴、民族富强、社会和谐
B. 国家富强、民族振兴、人民幸福
C. 国家富强、民族复兴、人民幸福
D. 国家富强、民族复兴、人民民主

经过前面的记忆过程,我们可以快速地选出正确答案：B。

通过运用逻辑法对道德与法治知识点进行记忆,我们发现,很多时候需要我们自己去寻找知识点背后的逻辑,只有找准了逻辑,我们才有可能很好地把它记下来。所以,使用逻辑法的前提同样是对每一个知识点进行熟读和理解,不然即便有人告诉我们要根据某条逻辑线索去记忆,我们仍然复原不出内容来。在熟读和理解的基础上,我们再用一些方法,在脑海里构建起一些记忆的线索,就会达到事半功倍的记忆效果。

02 定位法之道德与法治

在上一节内容中,我们一起学习了如何使用逻辑法记忆道德与法治的相关知识点,对于那些我们平时记忆起来有难度的知识点,逻辑法可以说有事半功倍之效。可是仍有一些知识点,即便我们理解了它们的意思,运用逻辑法依然很难记住,比如一个题目下有七八条,甚至十条以上的要点要记忆,对于这类知识点,我们就需要用另一种记忆方法——定位法来记忆。

我们首先通过一个大家都很熟悉的知识点来体会一下定位法的记忆思路。

社会主义核心价值观分为国家、社会、公民三个层面,其中概括公民层面的价值准则的是（　　）。

A. 富强、民主、文明、和谐　　B. 自由、平等、公正、法治
C. 博爱、诚信、民主、包容　　D. 爱国、敬业、诚信、友善

关于"社会主义核心价值观"这个知识点，很多同学都是靠着死记硬背的方式，反反复复诵读，最终把它记忆下来。借助上一节的内容，采用逻辑法是否容易记忆这个知识点呢？效果显然不佳。这里我们尝试使用定位法，看它如何帮助我们更高效且更快速地记忆。

社会主义核心价值观

国家层面：富强、民主、文明、和谐
社会层面：自由、平等、公正、法治
公民层面：爱国、敬业、诚信、友善

通过上图，我们可以看到，社会主义核心价值观分为三个层面，即国家层面、社会层面、公民层面。

后面的12个词语，意思我们都理解，但记忆起来容易混淆，即使是借助逻辑法去记忆，仍然不是那么好记。我们换一种思路，分别用前面词语中的一个字去定位后面的两个词语。

"国家层面"，我们提取"国家"二字，分别用"国"和"家"去定位后面的内容：将"国"跟"富强""民主"联系在一起，可以联想到"国要富强民主"，这样就把"国"跟"富强""民主"建立起了关联；将"家"跟"文明""和谐"联系在一起，家庭成员之间要文明和谐，不能吵架，所以"家要文明和谐"。通过使用定位法，"国家"就和"富强""民主""文明""和谐"建立起了联系。

同理，"社会层面"，我们提取"社会"二字。由"社"，我们能够想到"社团",我们都参加过社团,在那里大家彼此都是"自由""平等"的,所以可以把"社"跟"自由""平等"联系在一起记忆;由"会",我们可以联想到"律师协会""开会""全国人民代表大会",它们都是"公正"和"法治"的。这么一来,我们就通过定位法把"社会"和"自由""平等""公正""法治"联系在一起了。

以此类推,"公民层面",我们提取"公民"二字。由"公"我们可以联想到"公务员","公务员爱国敬业",所以我们将"公"和"爱国""敬业"进行了关联;由"民"我们可以想到"人民"或者"农民",人民要诚信、友善,或者说农民诚信、友善,这样我们就把"民"和"诚信""友善"关联在一起了。所以,"公民"关联了"爱国""敬业""诚信""友善"。

> **小贴士**
>
> 定位法的核心,是通过一些关键性的字词,来帮助我们实现内容要点的定位。我们可以称这些关键性的字词为"定位词"。

当我们有了一个明确的回忆线索的时候,我们背诵起来就相当于顺藤摸瓜,是有据可依的,知道从哪里想起,而不会是脑海中蹦出一堆词汇。这也是定位法的一个好处。所以,记清楚各个知识要点,我们再看本节开头关于"社会主义核心价值观"的习题时，就可以很快找到答案，选 D。

定位法还有很多外化形式，比如地点定位法、身体定位法、图片定位法、标题定位法、熟句定位法，等等。鉴于道德与法治的学科特点，我们比较常用的是标题定位法。

用标题定位法记忆抽象的内容

相较于用定位法轻松记忆一个个词语，如果我们碰到的是一段特别难记忆的话，而且明确不能用逻辑法来记忆时，我们怎么背诵呢？比如知识点"中华传统美德的重要性"，很多同学在记忆时，感觉每一句话的意思都很好理解，但就是没办法把它们背下来，前面记了后面忘。那么我们如何运用标题定位法进行记忆呢？

中华传统美德的重要性
中华传统美德是中华文化的精髓，蕴含着丰富的道德资源，熔铸了中华民族坚定的民族志向、高尚的民族品格和远大的民族理想，是代代相传、世世发展的民族智慧，是建设富强民主文明和谐美丽的社会主义现代化强国的精神力量。

> **小贴士**
>
> **如何判断一个知识点是否适合使用定位法记忆？**
>
> 如果一个知识点的各要点间是并列关系，很难根据逻辑排出一个先后顺序，比如"中华传统美德的重要性"中，"丰富的道德资源""坚定的民族志向""高尚的民族品格""远大的民族理想"等词语都是并列的关系，很难根据逻辑排出一个先后顺序，那么这种知识点就适合使用定位法去记忆。

首先，我们需要确定"定位词"。既然我们需要记忆的是"中华传统美德的重要性"，那么我们可以直接用"中华传统美德"作为"定位词"，与相关内容进行定位关联。接下来，我们逐一分析。

"中"——中华传统美德是中华文化的精髓。

我们怎么将"中"跟"中华传统美德是中华文化的精髓"联系在一起记忆呢？根据我们的经验，"精髓"一般都被包裹在东西的中间，比如骨髓在骨头的中间，因此我们可以认为"文化的精髓"在我们文化的最核心的位置，也就是中间的位置。所以，通过"中"我们就能记住"中华传统美德是中华文化的精髓"。

"华"——蕴含着丰富的道德资源。

"华"怎么跟"蕴含着丰富的道德资源"联系在一起呢？

"华",我们可以想到"华人"。华人都是有道德约束、比较讲道德的。所以,我们可以想"每一个华人的内心都蕴含着丰富的道德资源",以此将"华"跟"蕴含着丰富的道德资源"相关联。

"传"——熔铸了中华民族坚定的民族志向。

第三句话里有几个关键词:"坚定""民族""志向"。我们平时提到"志向",一般都是跟"坚定"搭配,所以是"坚定的志向";这个知识点是要记忆"中华传统美德的重要性",所以这里是"民族"志向;这样我们就可以记住这一句是"熔铸了中华民族坚定的民族志向"。那么,"熔铸了中华民族坚定的民族志向"怎么跟"传"相联系呢?我们可以想:我们要把这种熔铸的坚定的民族志向传承下去。这样我们就能把"传"跟"熔铸了中华民族坚定的民族志向"关联记忆了。

"统"——高尚的民族品格和远大的民族理想。

我们在形容"品格"时,一般用"高尚"搭配;说到"理想",一般用"远大"形容,跟前文一样,我们记住这是"民族"的。它们合到一起,就组成了:高尚的民族品格和远大的民族理想。那么,"统"跟"高尚的民族品格和远大的民族理想"怎么联系在一起呢?我们可以想到:我们"通通都有"高尚的民族品格和远大的民族理想。把"统"谐音处理成"通",这样我们就可以将"统"和"高尚的民族品格和远大的民族理想"关联记忆了。

"美"——是代代相传、世世发展的民族智慧。

在这句话中,我们分别从"代代相传""世世发展"中挑选出核心词"传"和"世",它俩合在一起,可以组成"传世"一词。借助"传世"一词,我们就可以记住"是代代相传、世世发展的民族智慧"。有智慧的人一般内在都是美的,我们可以记成"智慧美"，这样"美"就可以跟"是代代相传、世世发展的民族智慧"形成关联记忆了。

"德"——是建设富强民主文明和谐美丽的社会主义现代化强国的精神力量。

最后一句是总结性话语，核心内容是"是建设社会主义现代化强国的精神力量"。句子中的"富强民主文明和谐"，其实就是社会主义核心价值观里国家层面的内容，所以这句话我们很好记忆。但是这句话如何与"德"相关联呢？由"德"，我们可以联想到"德行"，它是一种精神的力量，是我们强国的精神力量，这样我们就把最后一句话跟"德"关联记忆了。

总结一下前面我们通过"中""华""传""统""美""德"这几个关键字，对"中华传统美德重要性"进行的定位记忆。

"中"——"精髓在中间"——中华传统美德是中华文化的精髓。

"华"——"华人的内心都蕴含着丰富的道德资源"——蕴含着丰富的道德资源。

"传"——"把坚定的志向传承下去"——熔铸了中华民族坚定的民族志向。

"统"——"通"——"通通都有高尚的品格和远大的理想"——高尚的民族品格和远大的民族理想。

"美"——"智慧美"——是代代相传、世世发展的民族智慧。

"德"——"德行是一种精神力量"——是建设富强民主文明和谐美丽的社会主义现代化强国的精神力量。

或许有的同学会觉得：这样的定位方式我不太习惯，我想换种定位方式，比如说，用"传"字定位"是代代相传、世世发展的民族智慧"，把"德"字跟"蕴含着丰富的道德资源"关联。这样也是可以的，还是那句话，思路和方法没有唯一的答案，只要自己能都记住就可以。不过对记忆"中华传统美德重要性"来说，打乱前后语句记忆顺序的前提条件是，**你最终有能力把要记忆的内容按照顺序复原。**

用定位法记忆道德与法治的知识点，可以选择用标题的关键字来进行定位，也可以选择用跟这一知识点内容相关的一句话或者相关的词来帮助记忆。与逻辑法一样，我们用标题定位法记忆知识点，是需要建立在我们对内容的每一句话都熟读理解的基础上的，届时我们只需要借助关键字（词）就可以回忆起知识点中的每一句话。即使内容是抽象的，只要我们有记忆线索，就可以一条条按照顺序背诵出来，从而不遗漏内容。**核心的一点：要先把每一句读熟、读完，然后通过自己的想象力、创造力去建立每一个字跟每一个知识点之间的连接，最终就能把知识点给记下来。**

Chapter 4

历 史

01 "三板斧"之历史

我们在前文提过,任何一门学科都有基础知识,只要涉及基础知识,我们就可以用"三板斧"来帮助记忆。那么记忆历史学科的知识点时是如何运用"三板斧"呢?我们先通过记忆几个知识点来感受一下它的便捷和有效。

关于"两汉的科技和文化",我们需要记忆蔡伦、张仲景、华佗以及司马迁的成就。其中,蔡伦的成就是改进造纸术,我们在前文已经详细地讲解过,可以通过"彩轮"来记忆,在此就不再赘述中间的记忆过程了。

张仲景

成就:著《伤寒杂病论》,被称为"医圣"。

张仲景是古代非常有名的一位医生,被称为"医圣",他的代表作是《伤寒杂病论》。"张仲景"、《伤寒杂病论》、"医圣",这三者怎么借助"三板斧"连接在一起呢?"医圣",我们很容易把它处理成"医生";《伤寒杂病论》，我们取"伤寒"两个字，用它来提示我们张仲景的代表作是《伤寒杂病论》;"张仲景"这个名字，毫无疑问，我们取"仲景"两个字。于是，我们只需要把"医生""伤寒""仲景"这三个词联系在一起即可。"仲景"，我们把它谐音处理一下，变成我们熟悉的或者便于关联的词语，比如"憧憬"，这样我们就可以把它们关联成：

> **医生 憧憬 着有一天 伤寒 消失。**
> 医圣 张仲景　　　　《伤寒杂病论》

这样，我们就可以记住张仲景的成就了。

华佗

成就：发明麻沸散、五禽戏。

华佗是大家非常熟悉的古代名医，他的主要成就是发明了麻沸散和五禽戏。"麻沸散"，我们取"麻"字;"五禽戏"，我们取"五禽"两个字，可以联想到"五只飞禽"。怎么关联"华佗""麻"和"五只飞禽"呢？我们可以想到：

> **华佗 用药 麻 醉了 五只飞禽。**
> 华佗　　麻沸散　　五禽戏

借助这句话，我们就能够记住华佗以及他发明的麻沸散和五禽戏。

司马迁

成就：著《史记》，记录从黄帝到汉武帝时期约3000年的史事。

司马迁的代表作是《史记》，这是我们每个人都很熟悉的知识点。那么《史记》记录的是从什么时候到什么时候的历史呢？答案是，记录的是从黄帝到汉武帝时期约3000年的史事。

为什么司马迁只记录到汉武帝时期？原因很简单，司马迁生活在汉武帝时期，并且是在汉武帝时期去世的。所以，司马迁记录的是从很久以前开始，一直到自己去世这期间发生的史事。到底是多久以前呢？是从黄帝时期开始的。这也很好记，我们都是炎黄子孙，并且黄帝也被称为人文初主。因此，《史记》记录的是从黄帝一直到司马迁去世，也就是汉武帝时期约3000年的史事，这样我们就记住了司马迁和他的成就。

我们可以将以上知识点的记忆过程总结如下。

两汉的科技和文化		
人物	成就	记忆方法
蔡伦	改进造纸术	彩轮
张仲景	著《伤寒杂病论》，被称为医圣	医生憧憬着有一天伤寒消失
华佗	发明麻沸散、五禽戏	华佗用药麻醉了五只飞禽
司马迁	著《史记》，记录黄帝到汉武帝时期约3000年的史事	不用方法

"三板斧"可以帮助我们快速且牢固地记忆历史学科的知识点，当面对相关考题的时候，总结的口诀还能帮助我们快速地答题。

运用"三板斧"记忆关于中国历史的知识点

接下来,我们以中国不同时期的历史知识点为例,来练习使用"三板斧"记忆历史知识点。

清朝末年我国教育文化事业的发展

1862年,清政府开设京师同文馆后,新式学堂在各派别的主持下不断建立。请判断下列学堂建立的先后顺序（　　）。
①北洋西学学堂　　　　②南洋公学
③福州船政学堂　　　　④京师大学堂
A.①②④③　　B.②④③①　　C.③①②④　　D.④①③②

这道题考查的是"清朝末年我国教育文化事业的发展"。要想正确回答此题,我们需要在学习时记清清朝末年都建立了哪些新式学堂以及它们建立的时期。我们可以总结如下。

时期	建立的新式学堂
洋务运动时期	京师同文馆、福州船政学堂
甲午战争之后	北洋西学学堂、南洋公学
百日维新期间	京师大学堂

根据题目,我们知道此题考查的是这些新式学堂建立的先后顺序,所以我们不光要记清都建立了哪些学堂,还要记清它们建立的先后顺序。

首先,我们看洋务运动时期,这一时期建立的是京师同文馆和福州船政学堂。看到"同文"两个字，我们可以想到"同样的文字"。什么是同样的文字？我们可以针对洋务运动进行联想：当时我们学习的是同样的洋文。大家知道，洋务运动就是号召学习西方的先进技术，所以学习同样的洋文是为了研究国外的船只利炮。当时国外的船比中国的先进，大炮也比中国的先进，所以我们可以想到通过学习同样的洋文来研究船政的相关知识。总结起来就是"学习同（京师同文馆）样的洋文（洋务运动）来研究船政（福州船政学堂）"，这样我们就记住了京师同文馆和福州船政学堂是在洋务运动时期建立的。

接着，我们看甲午战争之后建立的新式学堂。当时清政府意识到国家的发展需要靠人才，不然无法发展出好的技术，所以决定建立更多的学堂，培养更多的顶尖人才，先后成立了北洋西学学堂和南洋公学。这两所学堂都是由盛宣怀创办的。盛宣怀是清朝末期一位非常有名的企业家。那为什么先建北洋，后建南洋呢？因为北洋西学学堂建在天津，当时的统治中心是北京，所以优先建位于统治中心周边的北洋西学学堂，后来才去上海建立了南洋公学，南洋公学是西安交通大学和上海交通大学的前身。因此我们就记住了甲午战争之后建立了北洋西学学堂和南洋公学。当然，如果担心"甲午"会忘，也可以用谐音处理成"家务"，可以想"做完家务（甲午中日战争）后去北洋西学学堂和南洋公学上学"。

接下来，我们看百日维新期间建立的京师大学堂。京师大学堂名声非常响，是现在著名的北京大学的前身。那么我们怎么去记"百日维新"跟"京师大学堂"呢？我们可以想到"百位京师"，就是几百位非常优秀的北京的老师。借助"百位京师"，我们就把"百日维新"和"京师大学堂"进行了关联记忆。

所以，前面的表格我们可以丰富成：

时期	建立的新式学堂	记忆方法
洋务运动时期	京师同文馆、福州船政学堂	学习同样的洋文来研究船政。
甲午战争之后	北洋西学学堂、南洋公学	做完家务后去北洋西学学堂和南洋公学上学。
百日维新期间	京师大学堂	百位京师。

通过运用"三板斧"，我们记清楚了清末各个时期建立的新式学堂，再回过头看前文的习题，我们能很容易地选出正确的选项：C。

新文化运动的代表人物和他们的代表事迹

接下来，我们看一个跟近代的新文化运动有关的知识点。

新文化运动是五四运动前的一场思想解放运动。1915年，陈独秀创办《青年杂志》(后改名为《新青年》)，胡适、鲁迅等人先后撰文，掀起了新文化运动。这里我们需要记忆的是陈独秀、胡适、鲁迅和他们的代表事迹。

陈独秀：创办了《新青年》，掀起了新文化运动，明确提出"文学革命"的口号。

"陈独秀"，我们看到这个名字立即能够想到什么？是不是能够将"独秀"望文生义，想到"一枝独秀"？结合"创办了《新青年》"，我们可以联想到：陈独秀在新青年当中一枝独秀，进而号召、引领新青年，发起了文学革命。概括起来就是：

> **在 文学 青年 当中 一枝独秀。**
> 文学革命 《新青年》　　陈独秀

陈独秀借助《新青年》发起文学革命。借助这句口诀，我们就记住了陈独秀和他的代表事迹。

胡适：发表《文学改良刍议》，主张用白话文代替文言文。

胡适也是新文化运动中一位非常重要的人物，他发表了《文学改良刍议》。胡适是从国外留学回来的，所以他主张用白话文替代文言文。

"《文学改良刍议》"如何跟"胡适"关联呢？我们运用"三板斧"中的谐音对"胡适"进行处理，可以想到"忽视"。将"忽视"跟"《文学改良刍议》""主张用白话文替代文言文"相联系，可以想到：

> **不要 忽视 白话文 的 文学改良 作用。**
> 胡适　　白话文代替文言文　《文学改良刍议》

这样我们就记住了胡适，以及他所对应的事迹——发表《文学改良刍议》和主张"用白话文替代文言文"。

鲁迅：发表《狂人日记》，这是中国现代文学史上第一篇白话小说。

我们再看鲁迅和他的事迹。鲁迅的《狂人日记》具有什么历史意义？它是中国现代文学史上第一篇白话小说。借助"三板斧"可以联想到：

> 鲁迅笔下的 狂人 说的是大 白话。
> 《狂人日记》　第一篇白话小说

借助这句话,我们就记住了鲁迅和他的主要事迹。

借助"三板斧",我们很容易将人物和他们的代表事迹进行关联,在需要使用知识点时,形成的口诀可以快速帮我们回忆起内容。

抗日战争的重要战役以及对应的指挥官

我们再来看用"三板斧"记忆抗日战争重要战役以及对应指挥官知识点的案例。

在抗日战争时期,有一些重要战役对中国取得全面胜利具有重要作用和意义,而关于这些战役的知识点也是我们考试时考核的重点。在这里,我们以几个重要战役为例,一起学习如何运用"三板斧"进行知识点的串联。

平型关战役是全民族抗战爆发后中国军队主动对日作战取得的第一个重大胜利,粉碎了日军"不可战胜"的神话,指挥官是林彪。

怎么记忆这个知识点呢?我们由"林彪"的"彪"字,可以想到"彪悍",可以联想到"林彪很彪悍";"平型关战役",我们取"平"字,可以想到"平地",可以联想到"将日军基地夷为平地"。结合起来,我们就得到了:

> 林彪 彪悍地将日军基地夷为 平地,粉碎了日军不可战胜的神话。
> 林彪　　　　　　　　平型关战役

这样我们就记住了这个知识点。

台儿庄战役是自抗战以来中国正面战场取得的最大的一场胜仗，指挥官是李宗仁。

台儿庄战役的规模比平型关战役的规模要大好几倍，其指挥官是李宗仁。"李宗仁"这个名字我们可以怎么处理？替换方法可能不太好用，因为有些同学还不太熟悉这个名字。那么望文生义呢？"李宗仁"可以望文生义成"忠厚仁义"；"台儿庄"，我们取个"台"字。把它们结合起来，我们就得到了：

> **忠厚仁义，所以在 台上正面打了最大的一场胜仗。**
> 　李宗仁　　　　台儿庄战役

我们还可以通过谐音，把"李宗仁"处理成"领众人"，也就是带领众人。所以，我们又可以得到：

> **领众人 在 台上正面打赢了最大的一场胜仗。**
> 　李宗仁　台儿庄战役

所以，"台儿庄战役"对应的是"李宗仁"，同时我们还记住了这是抗战正面战场上最大的一场胜仗。

百团大战是八路军主动出击日军的最大规模战役，指挥官是彭德怀。

大家都比较熟悉百团大战，这是八路军主动出击日军的最大规模战役，指挥官是彭德怀。"彭德怀""百团大战"，我们可以怎么联系呢？"德怀"两个字，我们可以想到"怀有德行"，进而赢得了很多人的支持。所以，我们可以记忆成：

> **彭德怀** 因为怀有德行，有 **百团** 支持，打了最大规模的
> 彭德怀　　　　　　　　百团大战
> **一场主动出击日军的战役。**

这样我们就把"彭德怀"和"百团大战"，以及这场战役的意义关联并记住了。

其余类似的知识点，我们也可以这样记忆，这里我们就不一一举例了。记清楚这类知识点后，遇到相关的习题时我们就不会茫然、不知所措了，只需调取我们的记忆，从容选出答案即可。比如下面这道题：

1940年9月6日《大公报》社评："自上月20日以来，我军在北方发动了大规模的运动战。……铁路到处被破坏，冀晋豫三省同时捷报。斩获颇多，并攻克了重要据点……"该社评中的"大规模的运动战"是（　　）。
A. 抗战以来中国军队取得的第一个胜利
B. 日本迅速灭亡中国的企图破灭
C. 八路军主动出击日军的最大规模战役
D. 正面战场取得的最大的一场胜仗

我们根据对战争的记忆，判断出这里讲的是百团大战，因为我们看到了关键词"大规模的运动战"，所以正确答案是C。我们

平时在记忆知识点的时候一定要抓住关键词,这些都是我们做题的判断依据。

运用"三板斧"记忆关于世界历史的知识点

前面我们列举了很多关于中国历史的知识点,并介绍了如何用"三板斧"记忆。接下来,我们再来看一下如何用"三板斧"记忆关于世界历史的知识点。

探寻新航路

提到"探寻新航路",我们大致可以总结出以下几个高频考点。

谁发现了非洲的好望角?

谁绕过好望角,达到印度西海岸?

谁横渡大西洋发现了美洲?

谁的船队第一次完成了环球航行,证明了地球是圆的?

接下来,我们一一讲解如何运用"三板斧"来记忆这些知识点。

Q 谁发现了非洲的好望角?
A 迪亚士。

"迪亚士"跟"好望角"怎么关联?看到"迪亚士",我们能够想到什么?有的同学会把"迪"跟"士"抽出来,谐音处理成"的士",于是可以得到:

> 我坐着 的士，第一次来到了 好望角。
> 　　　　迪亚士　　　　　　　好望角

这样我们就记住了是迪亚士发现了非洲的好望角。

我们还可以将这句话想象成一个画面，从而更加生动地将"迪亚士"和"好望角"对应记忆。

Q 谁绕过好望角，到达印度西海岸？
A 达·伽马。

对于"达·伽马"的处理，我们能否使用替换的方法？好像不行，因为我们对这个名字不是很熟。那能否使用望文生义？貌似也不行，我们最多能够想到一个"大的假马"，而且这也属于谐音。所以，我们的第一个思路是用谐音法把"达·伽马"处理成"大的假马"，得到：

> 一匹 大的假马 被运到 印度西海岸（引起很多印度人的好奇围观）。
> 　　　达·伽马　　　　印度西海岸

我们的第二个思路是把"达·伽马"通过谐音处理成"他家马"，可以想到：

> 他家马 跑到了 印度西海岸（被一群印度人给带走了）。
> 达·伽马　　　　印度西海岸

这样我们也能够记住：绕过好望角，到达印度西海岸的是达·伽马。

Q 谁横渡大西洋发现了美洲？
A 哥伦布。

"哥伦布"这个名字，想必大家都很熟悉，所以我们可以采用替换的方法，用"哥"字替换"哥伦布"。"哥"跟"美洲"怎么联系在一起？可以想到：

> **哥** 来到了 **美洲**，这是一个很美的地方。
> 哥伦布　　　美洲

这样我们就把"哥伦布"和"美洲"进行了关联记忆。

或许有的同学对"哥伦布"这个名字不太熟，那么我们就不能用替换的方法了。望文生义好像也"望"不出什么来，这个时候我们就要采用谐音的方法。我们可以把"哥伦布"谐音成"哥抢布"，哥抢着一匹布。他要干什么去？他来到了一个很美的地方，就是美洲。总结起来就是：

> **哥抢着一匹布** 来到了 **美洲**。
> 哥伦布　　　　　　　美洲

这么一来，我们就能够记住哥伦布对应的是美洲。

Q 谁的船队第一次完成了环球航行，证明了地球是圆的？
A 麦哲伦。

"麦哲伦"能不能用替换的方法？如果这个名字对我们来说足够熟悉，我们就可以替换。比如说用"麦子"来替换"麦哲伦"，可以想到：

> 带着 **麦子** 完成了 **环球旅行**。
> 　　　麦哲伦　　　　　环球航行

这是第一种记忆方法。

如果我们不太熟悉的话，就不能使用替换了，而望文生义好像也"望"不出什么来，那就只能使用谐音。我们可以由"麦哲伦"中的"麦"想到"卖东西"的"卖"，由"哲伦"想到"车轮"，所以可以联想成：卖了这个车轮，获得了一笔钱，完成了环球旅行。精简一点，可以得到：

> **卖车轮** 去完成 **环球航行**。
> 　麦哲伦　　　　　环球航行

将这些知识点记住后，我们来试着解答下面这几道题，运用我们总结的口诀，看它们能否帮助我们快速答题。

"欧洲人说，他发现了新大陆，把欧洲文明传到美洲，是一个有功之臣；印第安人说，他把欧洲强盗带到了美洲，掠夺我们的财富，是一个恶魔。"这里的"他"是（　　）。

A. 哥伦布　　B. 达·伽马　　C. 迪亚士　　D. 麦哲伦

"把欧洲文明传到美洲"，我们回想一下：是谁到美洲去了？我们想到"哥抡着一匹布来到了美洲"，所以正确的选项就是 A，哥伦布。

他是第一位横渡太平洋的欧洲人，完成了环球航行，开创了世界航海史上的壮举。他是（　　）。

A. 迪亚士　B. 哥伦布　C. 麦哲伦　D. 达·伽马

是谁完成了环球航行？他是怎么去的？是"卖车轮"去的，所以答案是 C，麦哲伦。

印度种姓制度

记完关于新航路的知识，我们来到古代印度，记一记这里的种姓制度。

根据印度的种姓制度，人生来就是有等级的，等级分明，且世代相袭。不光如此，高种姓和低种姓之间还隔着深深的鸿沟，低种姓的人不可以从事高等级的工作，尤其是不同等级的种姓间不可以通婚。

在这一制度中，最高等级的是婆罗门，掌管祭祀；第二等级是刹帝利，掌管军事和行政权力；第三等级是吠舍，从事农业、畜牧业和商业；第四等级是首陀罗，主要由被征服居民构成，从事农业、畜牧业、捕鱼业和手工业，要为前三个等级服务。在这四个等级之外，还有最卑贱的"不可接触者"——贱民，他们在社会上会遭到歧视和凌辱。

作为认识古代印度历史的重难点知识点，我们如何清楚地记忆各个种姓以及他们的职责和义务呢？

最尊贵的是婆罗门，掌管的是祭祀。我们从"婆罗门"中选出一个"婆"字来替换"婆罗门"，再结合印度是一个主要信奉印度教的国家，我们就可以想到：有位婆婆在祭祀。这样我们就能够记住，婆罗门对应的职责是掌管祭祀。

第二等级是刹帝利，他们的职责是掌管军事和行政权力。我们看到"帝"，可以联想到"皇帝"，皇帝管理国家，需要掌管军事和行政权力，所以我们也顺畅地记住了刹帝利的职责是掌管军事和行政权力。

第三等级是吠舍，他们从事的是农业、畜牧业和商业。"吠舍"的"吠"，让我们想到"犬吠"，进而想到"狗"，从事农业、畜牧业和商业的人家很多都会养狗来看家护院，这样我们就把"吠舍"和"从事农业、畜牧业和商业"联系在了一起。我们还可以将"吠舍"谐音成"废舍"，一座废弃的房屋，我们在废舍里从事农业、畜牧业和商业活动，借助这句话记住吠舍的职责和义务。

第四等级是首陀罗，他们其实主要是为前三个等级服务的。我们可以将"陀罗"谐音成"陀螺"，陀螺旋转的时候一直围绕着中心点转，我们可以联想到首陀罗像陀螺一样，一直围着前三个等级旋转，为他们服务，这样我们就记住了首陀罗的职责和义务。

最惨的是贱民，他们被称为"不可接触者"，连种姓都没有。

我们可以把上面的记忆思路形成表格，这样就容易在脑海中形成对应关系，从而更清晰地记忆种姓制度的内容。

种姓	职责和义务	记忆思路
婆罗门	掌管祭祀	婆婆在祭祀
刹帝利	掌管军事、行政权力	皇帝管理国家,需要掌管军事和行政权力
吠舍	从事农业、畜牧业、商业	在废舍里从事农业、畜牧业和商业活动
首陀罗	为前三个等级服务	忙得像个陀螺一样为前三个等级服务
贱民(种姓之外)	最卑贱的"不可接触者"	

通过对上述历史知识点案例的记忆,我们在遇到那些需要两两相关联的要点时,可以充分运用"三板斧"(替、望、谐)帮助记忆,这样不管是国内的还是国外的知识点,都能够轻松地记下来。

02 连锁故事法之历史

连锁故事法在历史学科的学习记忆中的应用也十分广泛。当一个标题下有五六条甚至七八条知识要点,并且这些要点间没有明显的逻辑线索和逻辑关系时,我们可以考虑使用连锁故事法。不管是编故事,还是编成一句有意义的话,总之要人为地去创造记忆线索,帮助我们更好地记住这些没有逻辑关系的知识要点。

我们同样通过一些知识点案例,一起来看一下连锁故事法在记忆历史知识点时是如何运用的。

北方游牧民族的内迁

Q 东汉、魏、晋时期,内迁的北方游牧民族是哪些?

A 匈奴、鲜卑、羯(jié)、氐(dī)、羌(qiāng)。

东汉、魏、晋时期，北方的游牧民族不断内迁，比较有名的有：西北的氐族和羌族由西向东迁入陕西关中地区；分布在内蒙古草原上的匈奴族和羯族由北向南迁到山西一带；鲜卑族一部分迁到辽宁，一部分迁到陕西以及河套地区。毫无疑问，这五个民族之间没有任何逻辑关系，我们怎么通过连锁故事法记忆他们呢？

我们分别从羯、氐、羌、匈奴、鲜卑中取一个字。"匈奴"，我们取"匈"字；"鲜卑"，我们取"鲜"字；"羯""氐""羌"本来就一个字，我们可以直接用。根据我们前文讲过的，在使用连锁故事法时，要把能够合并在一起的优先合并在一起。所以，"匈"和"氐"组合，谐音处理成"兄弟"；"羯"和"羌"组合，可以想到"借枪"；"鲜"，谐音成"先"，这样我们就得到"兄弟先借枪"。这个"故事"感觉还没有讲完，兄弟借了枪干什么？加上这个知识点的主题"内迁"，我们最终就得到了这样一个"故事"：

> **五 兄弟 先 借枪 内迁。**
> 匈奴、氐族 鲜卑 羯族、羌族

有了这个"故事"，我们就能轻松记住北方的五个少数民族——匈奴、氐、鲜卑、羯、羌，在东汉、魏、晋时期进行了内迁。

隋朝大运河

隋朝大运河：以洛阳为中心，北达涿（zhuō）郡，南至余杭。
连接五大水系（从南到北）：钱塘江、长江、淮河、黄河、

海河。

　　隋朝大运河以洛阳为中心，北达涿郡，南至余杭。这里的涿郡和余杭都是我国古代的行政区划名称。隋朝的涿郡大致位于现今的河北涿州，而余杭则是今天的浙江杭州。在记忆的时候，"涿郡"这个名字相对来说比较陌生，所以不能用替换的方法，而用望文生义好像也没有什么想法，所以我们选择谐音的方法："涿"可以想成"捉人"的"捉"；"郡"，望文生义，可以想到"郡主"。结合起来，我们就得到了一个故事：从北边捉了一位郡主，顺着隋朝大运河送到了南边的余杭。精炼一点：捉了一位郡主到余杭。通过这个故事，我们就能记住隋朝大运河北达涿郡、南至余杭。

　　如果对这两个地名都很熟悉，那我们就可以直接取"涿郡"的"涿"字和"余杭"的"余"字组合，谐音成"捉鱼"。在隋朝大运河的南北两端捉鱼，这样记是不是更简单有趣？

　　我们再来看隋朝大运河连接的五大水系，从南到北分别是钱塘江、长江、淮河、黄河、海河。我们分别从这五大水系中抽出一个字，因为限定是从南到北，所以顺序不能颠倒，即"钱""长""淮""黄""海"。"黄"跟"海"可以组合成"黄海"；"长"跟"淮"合在一起是"长淮"，但是我们对这个词语没有任何想法。那么试着将前面三个字组合在一起呢？"钱长淮"——"钱偿还"，这样我们就可以联想成：钱偿还给黄海。在隋朝大运河借的钱，要偿还给黄海同学。我们通过这个"故事"，就记住了隋朝大运河连接的五大水系分别是钱塘江（钱）、长江（偿）、淮河（还）、黄河（黄）、海河（海）。

商鞅变法

商鞅变法发生在秦始皇统一六国之前,当时秦国为了提升自己的综合实力,任用商鞅进行了变法。其实当时各诸侯国的统治者都实行了变法改革,以求富国强兵,只不过秦国的商鞅变法成效最大。商鞅变法的具体内容有哪些?为什么会使秦国一跃成为当时最强盛的诸侯国?商鞅分别在政治、经济、军事上推行了一系列改革措施,我们逐一进行理解。

政治上:

其一,确立县制,由国君直接派官吏治理。

以县为地方行政单位,每一个县的负责人由国君直接指派。这样就保证了中央集权,而不是像分封制一样,每个诸侯分得一块地盘,自己掌管内部事务,把中央的权力给分散了。所以,确立县制有利于加强中央集权,加强中央对地方的管理。

其二,废除贵族的世袭特权。

这一举措与奖励军功相对应,不仅促进了封建经济的发展,也使得军队士气高昂。

其三,改革户籍制度,加强对人民的管理。

对户籍制度进行改革,国君对人民信息就会更加了解,有利于加强对人民的管理、防止人口流失,为国君的各项决策提供了有力的依据。

其四,严明法度,禁止私斗。

依法治国,禁止私下打架斗殴,这在一定程度上维护了秦国的统治,稳定了社会局面。

经济上:

其一,废除井田制,允许土地自由买卖。

井田制的基本特点是耕作者对土地没有所有权，只有使用权。废除井田制、允许土地自由买卖意味着建立土地私有制，能够充分调动大家种地的积极性。

其二，鼓励耕织，生产粮食、布帛多的人可免除徭役。

种得多、生产得多的人就可以免掉徭役，农民的积极性获得了极大的提高。

其三，统一度量衡。

把混乱、不统一的计量单位统一下来，使得全国上下有了标准的度量准则。

军事上：

奖励军功，对有军功者授予爵位并赏赐土地。

就是给予有军功的人地位和钱财方面的奖励，激励士兵在战场上奋勇杀敌。

理解了每一条内容后，我们接下来要做的就是把它们穿在一起。我们可以按照政治、经济、军事的分类，分别将内容穿起来。

> **小贴士**
>
> 在使用连锁故事法时，如果知识点里出现人物，我们就把这个人物作为主语。比如，商鞅变法在政治方面的举措中有一条是"废除贵族的世袭特权"，这里的"贵族"就可以作为我们为记忆商鞅变法举措而编的故事的主语。

商鞅变法的内容

政治	确立县制，由国君直接派官吏治理
	废除贵族的世袭特权
	改革户籍制度，加强对人民的管理
	严明法度，禁止私斗
经济	废除井田制，允许土地自由买卖
	鼓励耕织，生产粮食、布帛多的人可免除徭役
	统一度量衡
军事	奖励军功，对有军功者授予爵位并赏赐土地

对于政治上的举措，我们可以结合四条内容的关键词进行联想：一个世袭的贵族来到县里（确立县制），也要遵守法度，禁止私斗（严明法度，禁止私斗）。由于**改革户籍制度**，他从原来的贵族变成了普通人（废除贵族的世袭特权）。

对于经济上的举措，我们结合三条内容的关键词进行联想：变成平民的贵族必须去耕织。他努力劳作，生产了很多的粮食和布帛，以求免除自己的徭役（鼓励耕织，生产粮食、布帛多的人可免除徭役）。用不完的，他还会用统一的度量衡卖掉（统一度量衡），然后用卖得的钱去买土地（废除井田制，允许土地自由买卖）。

军事方面的举措很简单，只有一条，我们可以承接前文：贵族会把购买的土地奖励给有军功的人（奖励军功，对有军功的人授予爵位并赏赐土地）。

把对三个方面进行的联想结合起来，我们就获得了这样一个完整的故事：

一个世袭的贵族来到县里（**确立县制，由国君直接派官吏治理**），也要遵守法度，禁止私斗（**严明法度，禁止私斗**）。由于改革户籍制度（**改革户籍制度，加强对人民的管理**），他从原来的贵族变成了普通人（**废除贵族的世袭特权**），必须去耕织。他努力劳作，生产了很多的粮食布帛，以求免除自己的徭役（**鼓励耕织，生产粮食、布帛多的人可免除徭役**）。用不完的，他还会用统一的度量衡卖掉（**统一度量衡**），然后用卖得的钱去买土地（**废除井田制，允许土地自由买卖**），奖励给有军功的人（**奖励军功，对有军功者授予爵位并赏赐土地**）。

我们用连锁故事法把商鞅变法的内容变成了一则小故事，通过记忆这个故事，从而记住商鞅变法在政治、经济、军事方面采取的具体措施。强调一句，这个故事不是唯一的，大家也可以自己选择关键词，编一个自己能够记住的故事。

通过学习本节案例，我们可以总结出，在历史学习中遇到彼此间逻辑性不是很强的知识点时，可以考虑使用连锁故事法把各要点穿起来，其思路如下：

第一，如果内容中出现了人物，我们可以把人物作为主语。

第二，遇到能够合并在一起的关键词，我们就优先把它们合并在一起。

第三，我们需要把合并完的各个部分综合在一起，变成一句话或者一个小故事。

第四，我们通过记住这个自编的故事，就能把知识点按照一定的思路记下来了。

03 定位法之历史

我们在前文提到,定位法有地点定位法、身体定位法、图片定位法、标题定位法、熟句定位法等外化形式。相对来说,历史学科中使用频率最高的是标题定位法和熟句定位法。这主要是因为我们在学习历史时,经常会碰到一些有多个要点,但是各要点间又没有逻辑关系、内容并列、不分前后的知识点,感觉用连锁故事法还是不够好记,这时我们可以考虑采用标题定位法或熟句定位法对内容进行定位记忆。

标题定位法常在记忆一些政治举措方面的知识点时使用。比如,我们学习中国历史时,会学到很多朝代、很多盛世,就像大家熟悉的"文景之治""光武中兴""贞观之治""开元盛世"等,这些都是因不同皇帝推出的政策、制度而形成的。我们要记住这些不同的政策、措施,就可以借助"文景之治""光武中兴""贞观之治""开元盛世"这样的标题或关键词,对内容进行定位,帮助我们记忆具体的每一条内容。

熟句定位法的使用场景也很广泛，比如用来记忆《南京条约》《马关条约》的主要内容。如果单纯用"南京条约""马关条约"这几个字去定位内容，我们会发现，两个条约的标题里都有"条约"两个字，当我们用"条约"两个字去定位的时候，很容易就混淆了。所以，遇到这种情况，我们就要把关键字稍微替换一下，这种方法我们称之为熟句定位法，就是借助跟"条约"相关的一个熟词或者一个句子，来帮助我们记住与条约相关的内容。

接下来，我们从汉朝开始，通过具体的案例，一起感受下标题定位法和熟句定位法在记忆历史学科知识点中的妙用。

西汉：文景之治

在汉朝的皇帝中，除了汉高祖刘邦，大家熟悉的就是汉武帝刘彻了。他最伟大的功绩是为了稳固汉朝的边疆，对匈奴采取了一系列的军事打击。刘彻之所以能够打很多胜仗，非常重要的一个原因是他的祖上给他打了一个很好的基础，整个国家的政治和经济状况都非常好。

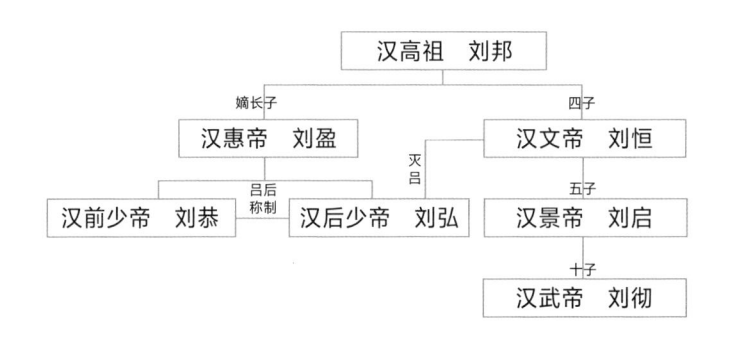

```
                汉高祖 刘邦
              嫡长子  │  四子
         ┌──────────┴──────────┐
       汉惠帝 刘盈            汉文帝 刘恒
         │          灭吕         │ 五子
    吕后称制  ┌──────┘            │
         │  │                   │
    汉前少帝 汉后少帝            汉景帝 刘启
     刘恭    刘弘                  │ 十子
                                  │
                               汉武帝 刘彻
```

刘彻的父亲汉景帝和爷爷汉文帝是两位明君，他们的统治时期被称为"文景之治"。正是这两位皇帝的励精图治以及勤俭节约，让当时的汉朝极为富庶。据说当时国家富到铜钱堆满了整个国库，而且由于那些钱放在那里长期不用，导致穿钱的绳子都腐烂了；而作为皇帝，汉景帝和汉文帝十分节俭，连身上穿的衣服都很多年不曾更换成新的。到底是什么样的政治制度策略，能让整个国家国力增强，经济得到进一步恢复和发展？我们一起来看一下"文景之治"中实施的措施及其作用。

措施：

其一，重视农业生产。

古时候，农业是国家最重要的经济来源。所以，汉文帝和汉景帝时期推行休养生息政策，不仅重视农业生产，提倡以农为本，要求各级官吏关心农桑，还进一步减轻了赋税和徭役。

其二，重视"以德化民"。

汉文帝和汉景帝废除了一些严苛的刑罚，不再以严酷的刑罚去管理人民。"以德化民"对百姓来说是一种文明治理的方式，能让人民有幸福感、热爱自己的国家。

其三，提倡勤俭治国。

汉文帝和汉景帝都提倡勤俭治国，反对奢侈浪费，汉文帝更是以身作则。

作用：

政治清明，经济发展，人民生活安定。

一系列举措的结果就是当时汉朝的国力有了很大的提升，经济得到了进一步恢复和发展。国家积累了大量的钱粮，库存的粮食和铜钱非常充盈。

我们如何借助标题记忆法来记忆"文景之治"的具体内容呢?

"文景之治"的内容和措施刚好一共有四条,可以直接与"文景之治"的标题进行关联。

我们先从作用来看,"政治清明,经济发展,人民生活安定"这句话中刚好有个"治",可以与"治"字直接相关联。

"治"——政治清明,经济发展,人民生活安定。

其余三个字都适合跟哪一条具体内容相关联呢?

第一个字"文",我们可以想到"文明""文化";在需要记忆的四条内容中,"以德化民"与"文明"相关,它提倡的是以一种"文明"的方式治理国家,而不是以暴君的治理方式。由此,我们借助"文明"一词,将"文"和"重视'以德化民'"建立起了关联。

"文"——文明,要讲文明、讲道德——重视"以德化民"。

"景"适合跟"提倡勤俭治国"相关联。我们可以把"景"谐音成"紧巴巴"的"紧",让自己的日子过得紧巴巴,却让国家富裕,这说的不就是汉文帝和汉景帝吗?所以"景"可以和"提倡勤俭治国"相关联。

"景"——紧巴巴——提倡勤俭治国。

最后,我们可以将"之"谐音处理成"耕织"的"织"。这么一来,我们就将"之"和"重视农业生产"进行了关联。

"之"——耕织——重视农业生产。

当然,我们也可以把"景"跟"重视农业生产"联系在一起,把"之"跟"提倡勤俭治国"联系在一起,只要能够按照自己的思维联系起来就可以了。

通过这样的分析,我们很容易就把"文景之治"的内容记住了。我们用下面这道题,巩固一下对"文景之治"的记忆。

某历史兴趣小组同学在探究"文景之治"的措施时提出了以下意见,其中正确的是(　　)。

①重视农业生产　　　　　　　　②提倡勤俭治国
③在思想文化上实行高压政策的结果　　④重视"以德化民"

A.①③④　　B.①②③　　C.②③④　　D.①②④

本题考查的是"文景之治"的措施,根据前文对"文景之治"使用标题定位法分析得出的记忆思路,我们可以将"文景之治"的措施和作用按顺序回忆出来。

"文"——文明,要讲文明、讲道德——重视"以德化民"。

"景"——紧巴巴——提倡勤俭治国。

"之"——耕织——重视农业生产。

"治"——政治清明,经济发展,人民生活安定。

与选项内容相对比后,我们可以快速选出本题的正确答案:D。

小贴士

使用标题定位法的前提

使用标题定位法的前提是对每一条要点都很熟悉,能够根据关键字的提醒,把对应的要点回忆出来。因为标题关键字只起索引作用,每一条要点的具体内容需要我们自己在学习的过程中消化、吸收。

唐朝：贞观之治

"大唐盛世，万国来朝。"唐朝是中华民族悠久的历史中最为辉煌、华丽的一个篇章，人们提到它，总喜欢用"大唐""盛唐"来形容。

唐朝时期政治开明、思想解放、疆域辽阔且民族和睦，在最为巅峰的时期，唐朝是当时世界上最为强大的国家，引得万国来朝。说到这些，我们就不得不提到开创唐朝盛世的"天可汗"李世民和他的"贞观之治"。李世民吸取了隋朝速亡的教训，即位第二年便采取了一系列措施，从政治、经济、军事等方面进行了革新，为后来的"开元盛世"奠定了基础。具体都有哪些措施呢？我们一起来看一下。

措施：
其一，吸取隋亡的教训，勤于政事，虚心纳谏，广纳贤才。

唐太宗和魏徵的故事大家耳熟能详，魏徵能够在朝堂上跟唐太宗争得面红耳赤，以及先后谏言200多次，由此可以看出唐太宗虚心纳谏。唐太宗还广纳贤才、知人善任，善于谋略的房玄龄、敢于决断的杜如晦都是贞观时期著名的宰相。

其二，进一步完善三省六部制。

三省，即中书省、门下省和尚书省；六部，即吏部、户部、礼部、兵部、刑部和工部。

其三，制定法律，减省刑罚。
其四，发展科举制，进士科逐渐成为最重要的科目。

当时唐朝能够人才济济，推行科举制是非常重要的原因。科举制有点类似于我们现在的高考，能够让一些没有背景又有才华的人通过自己的努力进入朝堂。相比之前的察举制推举的都是有权有势的人的后代，而科举制让不同出身的人站在同一条起跑线上去竞争，有利于国家选拔更多有用的人才。所以，进士科逐渐成为最重要的科目。

其五，严格考查各级官吏的政绩。

其六，减轻人民的劳役负担，鼓励发展农业生产。

其七，发兵击败东、西突厥，加强了对西域的统治。

作用：

政治比较清明，经济得到进一步发展，国力增强，文教昌盛。

最后一条是总结"贞观之治"各项措施的作用，跟"文景之治"的差不多，都是在政治、经济、国力、文化方面取得了好的成绩。

为了方便举例，在此我们暂时不记忆第七条军事上的举措，只记前六条举措和最后一条作用。"贞观之治"的一些措施跟前面"文景之治"的差不多，比如说"考核官吏政绩""减轻人民劳役负担""鼓励发展农业生产"等，这里就不一一解释了。那么我们具体如何记忆呢？"贞观之治"有四个字，可是要记的措施和作用一共有七条，没法直接进行标题定位法关联记忆，怎么办？我们需要添加其他的字，形成一句有七个字的话来帮助我们进行关联。例如，我们可以在前面加上"李世民"三个字，这样就变成了"李世民贞观之治"，刚好七个字。当然，我们也可以添加别的字，只要符合自己的记忆习惯即可。

接下来，我们对标题关键字和要点一一进行关联记忆。

由"李"字，我们能够想到礼贤下士，所以可以将"李"跟第一条建立起关联：

"李"——礼贤下士——吸取隋亡的教训，勤于政事，虚心纳谏，广纳贤才。

我们能够将"世"字对应哪一条呢？大家观察一下，"世"与"进士"的"士"刚好同音，所以由"世"，我们可以想到"进士"的"士"，进而想到：发展科举制，进士科逐渐成为最重要的科目。

"世"——进士——发展科举制，进士科逐渐成为最重要的科目。

我们能够将"民"字跟哪一条关联呢？刚好"减轻人民的劳役负担，鼓励发展农业生产"中含有"民"字，所以它俩可以进行关联。

"民"——人民、农民——减轻人民的劳役负担，鼓励发展农业生产。

我们可以把"贞"字跟哪一条联系在一起呢？如果说暂时想不到，我们可以先放一放。

我们再看"观"字。由"观"我们可以想到"观察"，要考查官员的政绩，我们首先要观察那些官员的表现。所以，我们把"观"与"严格考查各级官吏的政绩"相关联。

"观"——观察——严格考查各级官吏的政绩。

我们由"之"字能够想到什么？"之"字与"三"字在字形上是不是有那么一点点相似？所以，我们把"之"跟"三省六部"联系在一起。

"之"——"三"（"之"字很像"三"字）——进一步完善三省六部制。

最后一个"治"字与"贞观之治"作用中的"政治"对应，

所以我们得到：

"治"——政治——政治比较清明，经济得到进一步发展，国力增强，文教昌盛。

关键字还剩一个"贞"字，需要跟措施中剩下的"**制定法律，减省刑罚**"联系在一起。结合"制定法律，简省刑罚"，我们再看"贞"字，是不是很容易想到"侦查案件"？根据"制定（的）法律"去侦查案件，减少冤假错案，可以"减省刑罚"。所以，我们把"贞"字也跟后面的措施进行了关联。

"贞"——侦查案件——制定法律，简省刑罚。

通过这样定位记忆，我们就把李世民"贞观之治"采取的措施和作用记下来了。我们接着做一道关于"贞观之治"的选择题，看看用标题定位法，我们能不能通过关键字快速选出正确答案。

下列有关"贞观之治"出现原因的叙述，不正确的一项是（　　）。
A. 唐太宗李世民吸收隋亡的教训，勤于政事，虚心纳谏
B. 唐太宗李世民减轻人民的劳役负担，鼓励发展农业生产
C. 发展科举制，进士科逐渐成为最重要的科目
D. 人口大幅增长

本题考查的是"贞观之治"的措施和作用，我们根据记忆思路，将"贞观之治"的措施和作用回忆如下。

"李"——礼贤下士——吸取隋亡的教训，勤于政事，虚心纳谏，广纳贤才。

"世"——进士——发展科举制，进士科逐渐成为最重要的科目。

"民"——人民、农民——减轻人民的劳役负担,鼓励发展农业生产。

"贞"——侦查案件——制定法律,简省刑罚。

"观"——观察——严格考查各级官吏的政绩。

"之"——"三"("之"字很像"三"字)——进一步完善三省六部制。

"治"——政治——政治比较清明,经济得到进一步发展,国力增强,文教昌盛。

对比选项,A选项、B选项、C选项的内容都有提到,只有D选项没有相关的内容体现,所以本题答案选择D。

用标题定位法记忆皇帝施行的改革措施是比较好用的,因为不同的皇帝名字不同,我们只要再结合该皇帝在位时的盛况进行总结即可。提取出来的帮助我们定位的那几个关键字正好形成了我们的记忆线索。

元朝:行省制度

元朝创立的行省制度是秦朝以来施行的郡县制度的发展,也是我国历史上政治制度和地方行政区域划分制度的一大变革。由于元朝疆域辽阔,战争频繁,为了加强中央统治,元朝实行了行省制度。它具体包括哪些内容呢?我们一起来理解一下每一条的具体内容。

内容:

其一,由中书省掌管全国的行政事务,下设吏、户、礼、兵、刑、工六部。

这里的中书省相当于我们现在的国务院,六部相当于我们现在的国务院组成部门。

其二，设枢（shū）密院负责全国的军事事务，调度全国的军队。

枢密院相当于我们现在的军事部门，负责全国的军事事务，调度全国的军队。

其三，设御史台负责监察事务。

御史台相当于我们现在的监察部门，专门负责监督官员。

其四，把山东、山西和河北称作"腹里"，直属于中央的中书省。其他地区设立 10 个行省，行省之下设置路、府、州、县。

当时的山东、山西和河北相当于我们现在的直辖市，直接归中书省管。"其他地区设立 10 个行省，行省之下设置路、府、州、县"，就相当于我们现在除了直辖市以外还有其他的省份，省下面还设有地级市、县级市等。

行省制度的内容一共有四条，所以我们可以借助"行省制度"这四个字定位记忆。关键字和内容要点的对应思路不是唯一的，只要能前后联系在一起就行。

我们首先看"行"字，内容中有一条"中书省掌管全国的行政事务"，所以由这个"行"字我们可以想到"行政"，这样就把"行"跟内容的第一条相关联了。

这里我们需要稍稍记忆一下"六部"。毫无疑问，记忆"六部"时，我们可以使用连锁故事法把它们穿起来。我们先把能够合并的合并在一起。"工"跟"兵"合在一起，我们立马能够想到"工兵"；"刑"跟"礼"组合在一起，我们立马能够想到"行李"；"户"跟"吏"在一起，我们立马能够想到"护理"一词。这么一来，六部的名字就被我们变成了**"工兵护理行李"**，我们可以用这么一句话记住六部都是哪六部。总结如下。

"行"——行政——中书省掌管全国的行政事务，下设吏、户、礼、兵、刑、工（工兵护理行李）六部。

接下来我们看"省"字。内容中能够与"省"对应的一条是：把山东、山西和河北称作"腹里"，直属于中央的中书省。其他地区设立10个行省，设置路、府、州、县。这一点可以与我们现在的行政区划制度相结合记忆。

"省"——省份——把山东、山西和河北称作"腹里"，直属于中央的中书省。其他地区设立10个行省，行省之下设置路、府、州、县。

我们再看"制"字。由"制"字，我们可以想到"制裁""制衡"。内容中与"制裁""制衡"相关的是"设御史台负责监察事务"。御史台，也就是我们现在的监察部门，对其他官员起到制衡作用，如果官员犯了错，还要对他们进行"制裁"。所以，我们可以想到：

"制"——制衡——设御史台负责监察事务。

最后一个字是"度"，"设枢密院负责全国的军事事务，调度全国军队"中正好有个"度"字，所以，我们可以想到：

"度"——调度——设枢密院负责全国的军事事务，调度全国的军队。

这样我们就对元朝的行省制度的内容进行了定位记忆。

接下来，我们一起看一道与行省制度相关的例题。

"元朝大政委于中书省，总领各行省，又兼辖腹里。"这里的"腹里"是指（　　）。

A. 大都及其周边的河北、山西、山东等地

B. 地方行省

C. 边疆少数民族地区

D. 大都

这里考查的是行省制度中的"腹里"的知识点。我们根据内容可以判定定位关键词是"省",关联的内容是:把山东、山西和河北称作"腹里",直属于中央的中书省。其他地区设立10个行省,行省之下设置路、府、州、县。所以,我们可以直接选出正确选项:A。

虽然这道题只考查了"腹里"的知识点,但我们可以顺势把行省制度的整体内容复习一下。

"行"——行政——中书省掌管全国的行政事务,下设吏、户、礼、兵、刑、工(工兵护理行李)六部。

"省"——省份——把山东、山西和河北称作"腹里",直属于中央的中书省。其他地区设立10个行省,行省之下设置路、府、州、县。

"制"——制衡——设御史台负责监察事务。

"度"——调度——设枢密院负责全国的军事事务,调度全国的军队。

根据这个知识总结,我们在面对相关知识点的考题时,可以很快选出正确答案。

清朝:中英《南京条约》

清朝,虽然论鼎盛时期也有"康乾盛世",但让我们印象更深刻的,却是清朝末年签订的一系列不平等条约,它们让我们明白了"落后就要挨打""弱国无外交"的道理。接下来，让我们一起使用定位法来记忆清政府被迫签订的第一个不平等条约——《南京条约》。

1842年8月，清政府被迫同英国签订了中国近代史上第一个丧权辱国的不平等条约——中英《南京条约》，其主要内容有：

1. 开放广州、福州、厦门、宁波、上海五处为通商口岸。

2. 割香港岛给英国。

3. 赔款2100万银元。

4. 英商进出口货物应纳税款，必须经过双方协议。

条约的主要内容总共有四条，根据前文的经验，大家第一反应肯定是用"南京条约"这四个字来定位记忆。我们初中阶段需要学习《北京条约》《马关条约》《辛丑条约》等一系列不平等条约，如果都用"条约"作为关键词进行定位记忆，我们绝对会记乱。因此，对于这里的"南京条约"，我们可以把后面的"条约"二字换成别的内容。我们可以从与《南京条约》相关的一些知识中去寻找，比如《南京条约》当时是在南京江面的船上签署的，因此我们可以把"条约"两个字换成"江面"，这样定位关键词就成了"南京江面"。当然，你也可以换成跟其他的与南京条约相关的四个字来进行定位。

接下来，我们以"南京江面"这四个字为例，看如何使用定位法来帮助我们记忆。

首先是第一个"南"字，我们可以跟"割香港岛给英国"相连。我们可以根据香港的地理位置去记忆，香港在陆地的南边，所以也可以想成"把南面的一块土地（香港）割给了英国"。

"南"——香港岛在南方——割香港岛给英国。

由"京"字我们能够想到什么呢？我们可以将"京"谐音成"金"，真金白银，赔款赔的可都是真金白银，所以，"京"字可以与"赔款2100万银元"相关联。

"京"——谐音"金"，真金白银——赔款2100万银元。

"江"可以跟哪条内容联系在一起呢？江面上总是有很多运货物的船，这些船进出海关的时候需要纳税，因为是不平等条约，纳多少税我们说了不算，需要一起商量。所以，"江"可以与条约内容的第4条相关联。

"江"——江上船只运输货物要纳税——英商进出口货物应纳税款，必须经过双方协议。

对于最后的"面"字，我们将其与"开放广州、福州、厦门、宁波、上海五处为通商口岸"相关联，可以想到，通商口岸开放后面向的是外国列强。

"面"——开放广州、福州、厦门、宁波、上海五处为通商口岸。

这一条内容里，我们需要记忆《南京条约》开放了哪五处通商口岸。我们还是采用连锁故事法。上海取"上"字，厦门取"厦"字，广州取"广"字，福州取"福"字，宁波取"宁"字。按照能合并的优先合并的原则，我们把"上""厦"合并在一起，谐音成"上下"；把"广""福""宁"变成"宁福广"。全部组合起来就是"上下宁福广"：无论是上面的人，还是下面的人，都宁愿福气更广地来。这样我们就记住了五个通商口岸分别是上海、厦门、宁波、福州、广州。

经过上述步骤，我们就借助"南京江面"把《南京条约》的内容记住了。这种定位方法跟我们前面所讲的标题定位法略有不同，我们称之为熟句定位法，但二者原理是一样的，都是通过借助一些熟悉的字词帮助我们记忆内容。我们看一道与不平等条约相关的例题，考查一下我们用这种方法记忆知识内容的掌握程度。

"中国皇帝陛下同意，英国臣民及家人仆从，从今以后获准居住广州、厦门、福州府、宁波和上海的城市或镇，以进行通商贸易，不受阻挠和限制……"材料描述的是（　　）。

A.《南京条约》　　　　B.《北京条约》
C.《马关条约》　　　　D.《辛丑条约》

毫无疑问，这道题正确的选项是 A。根据"从今以后获准居住广州、厦门、福州府、宁波和上海的城市或镇，以进行通商贸易，不受阻挠和限制"，我们可以判断题目讲的是"开放通商口岸"的内容，又根据"上（上海）下（厦门）宁（宁波）福（福州）广（广州）"这几座城市，基本上可以判断材料描述的是《南京条约》里的内容。

本题涉及的其余条约，大家可以自己根据前文所讲的方法进行记忆。

总的来说，在历史知识点的记忆中，标题定位法和熟句定位法是使用频率相对较高的两种定位法。我们在使用这两种方法时，有几点使用技巧需要注意。

第一，标题定位法是用标题里的关键字来帮助我们记忆每一条要点，一个字对应一条。关键字和要点的对应顺序是可以打乱的，不用非要跟后面的要点从前到后一一对应。

第二，当标题字数与要点条数不对等时，我们可以通过增删标题的字数，使之与要点条数相等，然后再进行关键字和要点的关联记忆。

第三，当标题中的某些关键词不便于我们定位记忆要点内容时，我们可以用相关的"熟语"进行替换，得到新的帮助我们进行定位记忆的关键词。

大家用好标题定位法和熟句定位法，不管是做选择题，还是做材料分析题，都不容易犯张冠李戴的错误，思路会特别清晰。

04 数字编码之时间记忆

我们学习历史,要记忆很多事件的背景、过程、影响,但相比这些大段的文字,很多同学认为只有几个数字的时间节点反而更难记忆。前面觉得记得很牢固了,但转头就跟别的时间节点混在一起了。这主要是因为大家没有将时间跟事件紧密结合,只是将时间看作几个数字而已。在本节中,我们就选取我国古代史大事年表上的一组事件进行数字编码的实战记忆,看如何记忆那些看似简单实则容易混淆和遗忘的历史时间。

序号	时间	事件
1	距今约 170 万年	元谋人生活的年代
2	距今约 70 万—20 万年	北京人生活的年代
3	距今约 3 万年	山顶洞人生活的年代
4	距今约 7000 年	河姆渡文化

续表

序号	时间	事件
5	距今约 6000 年	半坡文化
6	距今约 5000—4000 年	传说中的炎帝、黄帝、尧、舜、禹时期
7	约公元前 2070 年	夏朝建立
8	约公元前 1600 年	商汤灭夏,商朝建立
9	公元前 1046 年	周武王灭商,西周开始
10	公元前 841 年	西周"国人暴动"
11	公元前 771 年	西周灭亡
12	公元前 770 年	周平王迁都洛阳,东周开始

根据我们记忆大量知识的经验,如果直接从头背到尾,很容易背了后面忘了前面的,所以在背诵记忆时,我们可以按照自己的记忆习惯,视内容多少考虑是否要对内容进行分组,便于及时总结和复习。这里我们只选取了十二个历史事件,直接按照顺序记忆即可。

1. 时间:距今约 170 万年

事件:元谋人生活的年代

元谋人生活在距今约 170 万年。这里有两个关键信息:一个是"170",一个是"万年"。我们先不着急记忆,通过观察,我们发现,元谋人与后文的北京人、山顶洞人的生活年代都是以"万年"结尾的,所以根据逻辑推理,我们只记数字即可,"万年"就不用记了。

我们如何记"170"呢?看到"170",我们很容易联想到身高,所以可以联想:元谋人身高 170(厘米)。这么一来,我们就记住了"元谋人生活的年代是距今约 170 万年"。

2. 时间：距今约 70 万—20 万年

事件：北京人生活的年代

我们接下来看北京人的生活年代。距今约 70 万—20 万年，同样是以"万年"结尾的，不需要特别记忆"万年"。根据本节后附的编码表，"70"的编码是冰激凌，"20"的编码是自行车。所以，我们可以想到：**有一个北京人吃着冰激凌（70），骑着自行车（20）。** 这里需要注意，70 在前，20 在后。这样，我们就记住了"北京人生活在距今约 70 万—20 万年"。

3. 时间：距今约 3 万年

事件：山顶洞人生活的年代

我们再来看山顶洞人的生活年代。山顶洞人距今约 3 万年。"3"的编码是耳朵，耳朵确实可以跟山顶洞人关联，但如果把"3"谐音处理成"山"，会更加好记一些：**山顶洞人在山（3）上。** 所以，我们在记忆时间的时候，不一定要固守数字编码法，也可以视情况灵活处理。

4. 时间：距今约 7000 年

事件：河姆渡文化

河姆渡文化距今约 7000 年。记忆这个知识点时，我们同样不选用数字编码法，灵活处理。因为一看到"河姆渡"，我们就能想到"河"；再看到"7"，河上的物品中发音能与"7"产生关联的，我们很容易就能想到"气垫船"，所以我们可以把这里的"7"处理成"气垫船"的"气"。气垫船开动后，船后会留下一圈一圈的波纹，正好可以看作三个 0。这么一来，我们就通过**"河上有气垫船，后面喷出了一圈圈的波纹"**，记住了"河姆渡文化距今约

7000年"。

当然，我们每个人的知识背景和掌握的知识内容不同，在总结记忆口诀时，可以结合自己的实际情况，采用自己喜欢的方式，只要自己能够记得住口诀就行。

5. 时间：距今约 6000 年
事件：半坡文化

记忆"半坡文化距今约6000年"时，若是采用数字编码法记忆，根据"6"的编码勺子，我们可以记忆成：**在半坡上发现了一把勺子（6）**。我们还可以灵活处理，由"6"想到"留"，由"0"想到圆形的脚印，可以联想成：**在半坡上留（6）下了三个圆形的脚印（0）**。这两种方法都可以帮助我们记住"半坡文化距今约6000年"，在实际操作中，我们可以根据自己对方法的掌握程度，自行选用适合的记忆方法。

6. 时间：距今约 5000—4000 年
事件：传说中的炎帝、黄帝、尧、舜、禹时期

传说中的炎帝、黄帝、尧、舜、禹时期距今5000年到4000年。与前文对数字"7000"和"6000"的处理一样，这里我们仅重点记忆"5000"和"4000"中的"5"和"4"即可，后面的三个"0"不做特殊处理。这样我们可以联想成：**炎黄子孙都是五四（5、4）好青年**。因为这段时期对应的年份肯定都是以"千年"为单位的，所以"5"提醒我们是5000年，"4"提醒我们是4000年。这么一来，我们就把传说中的炎帝、黄帝、尧、舜、禹时期对应的年份记住了。

7. 时间：约公元前 2070 年
事件：夏朝建立

传说中的炎帝、黄帝、尧、舜、禹时期过后，紧接着的是我国第一个奴隶制朝代——夏朝，它建立在约公元前 2070 年。我们需要特别注意这里的时间用的是"公元前"，包括商朝和周朝，也都是"公元前"的。

"公元前"的"公元"是一种源于西方的纪年法，又称公历纪年法。在确立之初，只有欧洲少数几个国家采用，后来随着国与国之间的交流往来，逐步传播到全世界。我国是辛亥革命时期引入了这种纪年方式，当时称之为"公历"。

有"公元前"就应该有"公元后"，现如今我们常说的 2023 年实际应该是"公元后 2023 年"，简称"公元 2023 年"，为了传播和使用方便，我们一般将"公元"也省略了。

需要着重说明的一点是，从公元前到公元后，是不存在公元 0 年的，公元前 1 年之后的那一年就是公元 1 年。这个时间大约对应的是我国西汉末期汉平帝的元始元年。也就是说，在这一年之前发生的事情，都是发生在公元前的，那之后的事情，所对应的时间都是公元 × 年，或者省略"公元"。

夏朝建立在约公元前 2070 年。对于"公元前"，我们根据常识逻辑理解即可，可以不用特别记忆，所以只需重点记"2070"。"20"的编码是自行车，"70"的编码是冰激凌，由夏朝可以联想到夏天。这么一来，我们就可以把它们连成：**夏天骑着自行车（20）去买冰激凌（70）。**

需要提醒的一点是，我们前面在记忆北京人的生活年代时，记忆的口诀是"有一个北京人吃着冰激凌（70），骑着自行车

（20）"，"70"在前，"20"在后；而在这里，应该是"20"在前，"70"在后。所以我们在创建口诀时，一定不能把顺序搞混了。

8. 时间：约公元前 1600 年

事件：商汤灭夏，商朝建立

商朝建立的时间是约公元前 1600 年，依照前文的逻辑理解，这里的"公元前"我们不用特别记。"1600"里的"00"在编码系统里对应的是望远镜，但是我们一看到商朝，更容易想到跟商品相关的"鸡蛋"。所以，这里我们可以灵活处理，把"00"处理成"鸡蛋"，"16"处理成"一流"，这样可以得到：**商人在卖一流（16）的鸡蛋（00）**。当然，如果更习惯用数字编码法，也可以把"00"编码成"望远镜"去记忆，得到：**商人在卖一流（16）的望远镜（00）**。这两种方法都可以帮我们记忆商灭夏、建立商朝的时间。

接下来我们看一组时间和事件，这些都是跟西周相关的历史事件，我们可以根据情况把它们集中在一起形成记忆。

9. 时间：公元前 1046 年

事件：周武王灭商，西周开始

10. 时间：公前 771 年

事件：西周灭亡

11. 时间：公元前 770 年

事件：周平王迁都洛阳，东周开始

我们先看西周的建立时间。西周于公元前 1046 年建立。不用特别记忆"公元前"，只需记忆"1046"。"10"的编码是棒球，因为数字 10 是整数，相对来说比较好记，所以这里我们不选"棒球"。"46"的编码是"饲料"，所以我们可以结合"10"想到"十袋饲料"。"西周"可以谐音处理成"稀粥"。最终我们就可以得到：**用十袋饲料煮稀粥。**

接下来，我们看西周的灭亡时间和东周的建立时间，我们可以把这两个放在一起记忆。西周于公元前771年灭亡，一年后，也就是公元前770年，东周建立。"771"可以谐音成"机器呀"，所以我们可以得到：（煮稀粥）**可以借助机器呀（771）。"一年后，东周建立"**这一条我们可以直接记忆。

将以上口诀总结在一起，我们就可以得到：**用十袋（10）饲料（46）煮稀粥（西周），其实可以借助机器呀（771）。一年后，东周建立。**凭借这句话，我们记住了西周的建立、灭亡时间，以及东周的建立时间。

12. 时间：公元前841年
事件：西周"国人暴动"

记忆了西周的建立、灭亡时间，我们再回过头来记忆西周时期"国人暴动"发生的时间。公元前841年，西周发生了"国人暴动"。这里的"841"，我们可以通过谐音灵活处理成"白死呀"。我们可以把"国人暴动"跟"白死呀"联系在一起，想成：**西周的"国人暴动"导致很多人白死呀（841）。**这么一来，我们就能够把这一条记下来了。

以上就是记忆前文十二条历史事件和它们的发生时间的方法，我们总结如下。

序号	时间	事件	记忆方法
1	距今约170万年	元谋人生活的年代	元谋人身高170
2	距今约70万—20万年	北京人生活的年代	有一个北京人吃着冰激凌（70），骑着自行车（20）
3	距今约3万年	山顶洞人生活的年代	山顶洞人在山（3）上
4	距今约7000年	河姆渡文化	河上有气（7）垫船，后面喷出了一圈圈的波纹（000）
5	距今约6000年	半坡文化	在半坡上留（6）下了三个圆形的脚印（000）
6	距今约5000—4000年	传说中的炎帝、黄帝、尧、舜、禹时期	炎黄子孙都是五四（5、4）好青年
7	约公元前2070年	夏朝建立	夏天骑着自行车（20）去买冰激凌（70）
8	约公元前1600年	商汤灭夏，商朝建立	商人在卖一流（16）的鸡蛋（00）
9	公元前1046年	周武王灭商，西周开始	用十（10）袋饲料（46）煮稀粥（西周），其实可以借助机器呀（771）。一年后，东周建立
10	公元前841年	西周"国人暴动"	西周的"国人暴动"导致很多人白死呀（841）
11	公元前771年	西周灭亡	【见第9条】
12	公元前770年	周平王迁都洛阳，东周开始	【见第9条】

通过上表我们可以发现，记忆历史事件的时间多采用灵活处理和数字编码这两种方法。当我们需要记忆的时间的数量比较少时，可以灵活处理或采用数字编码的方式；但是如果时间的数量比较多，建议大家优先考虑数字编码的方式，因为借助数字编码，我们可以比较快速地将时间跟事件建立起关联。需要提醒大家的是，编码关系一旦建立，就不要轻易改变了，否则在提取信息时，可能会因为一个数字被赋予了多个编码而造成记忆混乱，出现记忆不清的问题，所以后附了一份《数字编码表》供大家学习、参考。

总的来说，我们使用记忆方法总结口诀的过程，其实也是我们记忆的过程。在完成一组时间的记忆后，我们要及时复习总结，可以尝试着把时间蒙住，看着事件回忆时间，如果回忆不出，可以想想自己在总结口诀时是如何构想的，或者是重新建立一种思路重新记忆。经过几个周期的复习，这些时间就会牢牢记忆在我们的脑海中。

数字编码表

00 望远镜	01 小树	02 铃儿	03 三角板	04 小汽车	05 手套	06 手枪
07 锄头	08 溜冰鞋	09 猫	10 棒球	11 筷子	12 椅儿	13 医生

续表

14 钥匙	15 鹦鹉	16 石榴	17 玉器(切割机)	18 腰包	19 衣钩	20 自行车
21 鳄鱼	22 双胞胎	23 和尚	24 闹钟	25 二胡	26 河流(水管)	27 耳机
28 恶霸	29 饿囚	30 三轮车	31 鲨鱼	32 扇儿	33 星星	34 沙子
35 山虎	36 山鹿	37 山鸡	38 妇女	39 胃泰	40 司令	41 蜥蜴
42 柿儿	43 石山	44 蛇	45 师父	46 饲料	47 司机	48 石板
49 湿狗	50 武林盟主	51 工人	52 鼓儿	53 乌纱帽	54 巫师	55 火车
56 蜗牛	57 武器	58 尾巴	59 兀鹫	60 榴梿	61 儿童	62 牛儿

续表

63 流沙	64 螺丝	65 尿壶	66 蝌蚪	67 油漆	68 喇叭	69 料酒
70 冰激凌	71 机翼	72 企鹅	73 花旗参	74 骑士	75 西服	76 汽油
77 机器人	78 青蛙	79 气球	80 巴黎铁塔	81 白蚁	82 靶儿	83 芭蕉扇
84 巴士	85 宝物	86 白鹭	87 白棋	88 麻花	89 芭蕉	90 酒瓶
91 球衣	92 球儿	93 旧伞	94 旧饰	95 酒壶	96 旧炉	97 旧旗
98 球拍	99 双钩	单0 呼啦圈	单1 蜡烛	单2 鹅	单3 耳朵	单4 帆船
单5 秤钩	单6 勺子	单7 镰刀	单8 眼镜	单9 口哨		

Chapter 5

生 物

01 "三板斧"之生物

生物是一门最为基础的探索生命现象和生命活动规律的科学。我们都知道，生物学主要研究动物、植物和微生物的结构、功能、发生和发展规律，它有众多条目式、一对一的基础知识点需要记忆。面对繁杂的基础知识点，要想做到记忆时不混淆、不似是而非，我们就必须使用一定的记忆方法，帮助我们去区分这些知识点，其中"三板斧"就能发挥很好的作用。

接下来，我们就从生物学习中常用的显微镜的使用方法开始，一起感受如何使用"三板斧"轻松记忆生物学知识点。

显微镜的使用

显微镜是人类最伟大的发明之一。在它被发明出来之前，人类只能凭肉眼或手持放大镜来观察世界，而显微镜将一个全新的世界呈现在了人类的视野中，它通过一个透镜或几个透镜的组合将微小的物体放大到人的肉眼所能看到的程度。

显微镜物镜、目镜的长度与放大倍数之间的规律

我们学习生物，必然要接触、学习使用显微镜，通过它观察各种细微物体。这一过程中，我们发现，显微镜物镜、目镜的长度不一样，放大的倍数就会不一样，它们之间存在着怎样的规律呢？科学家们经过探索，总结了如下规律：

目镜长度与放大倍数成反比，目镜越长，放大倍数越小。

物镜长度与放大倍数成正比，物镜越长，放大倍数越大。

我们怎么用"三板斧"去记这个规律呢？

通过前文总结的规律，我们可以看出，这是两个正好相反的关系：目镜越长，放大倍数越小；物镜越长，放大倍数越大。这就意味着我们只要记住其中的一条，另一条自然就记忆下来了。"物镜越长，放大倍数越大"，我们可以精炼成口诀"物长倍大"，这四个字我们用望文生义的方式来记忆，想象一个物品越长，给人的感觉是它放大的效果就越明显。一个物品被拉得越长，就代表着它的放大倍数越大。这么一来，我们就能够记住"物长倍大"。反过来，目镜的口诀就是"目长倍小"，因为它们正好是相反的关系。总结一下这个记忆规律：目长倍小，物长倍大。

我们可以通过快速解答一道例题来验证一下记忆效果：

图一是普通光学显微镜基本结构示意图，图二是人血涂片在普通光学显微镜下血细胞分布模式图。

图一　　　　　　图二

请分析并回答下列问题：

若想将图二中细胞③的结构放大到最大限度，应该选用下图哪组镜头组合（　　）

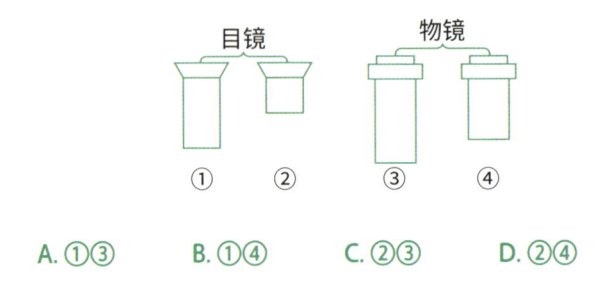

目镜　　　物镜

① ② ③ ④

A. ①③　　B. ①④　　C. ②③　　D. ②④

这道题考查的是我们对物镜、目镜的长度与放大倍数之间的规律的掌握，前文我们用"三板斧"方法进行了相关知识点的记忆，只要回忆出"**物长倍大**"，即物镜越长，放大倍数越大，便能选出用③号物镜。目镜的规律刚好跟物镜的相反，"**目长倍小**"，需要选择最短的②。所以，正确选项是 C 选项。

类似这样的知识点，如果我们单纯靠死记硬背，容易把它们记混。但是当我们用有效的方法记忆后，背一遍就能够把它们给区分开来。

显微镜放大倍数变化同观察视野变化的规律

跟显微镜相关的另外一个重要知识点是当显微镜放大倍数变化时，它的光线、视野范围及看到的细胞数等的变化规律。我们将具体规律总结为：

放大倍数越小，视野范围越大，看到的细胞数目就越多，物像越小，光线越亮。

放大倍数越大，视野范围越小，看到的细胞数目就越少，物像越大，光线越暗。

光看规律可能会感觉文字好多、好乱，其实我们完全可以结合生活常识去理解记忆。我们最常接触的跟镜头相关的事就是手机拍照。当我们把一张照片不断放大时，局部的细节就越清晰，但我们所能够看到的范围其实是变小了；反之，当我们把图片缩小时，局部细节也会变得模糊一些，但我们所看到的视野范围会变大，同时我们看到的整体元素会变得更多一些。

我们再结合总结的规律，记忆起来就特别简单。这两条规律跟我们放大、缩小照片的经验是一模一样的，唯一不一样的地方只有光线明暗的问题，因为我们的照片无论是放大还是缩小，它的光线都是一样的。但是显微镜不一样，显微镜放大倍数越小，它的光线越亮；放大倍数越大，它的光线就越暗。

我们把这两条规律再简化总结一下。显微镜放大的倍数越小，我们看到的范围就越大，里面包含的细胞数就越多，单个细胞就显得小一些，当我们看到的东西更多时，它的光线便更亮，也就是"倍小多亮"。显微镜放大的倍数越大，我们的视野范围就越小，看到的细胞数目减少，它单个的细胞看起来会更大一些，但是它的光线是暗的，也就是"倍大少暗"。

理解了显微镜放大倍数变化与光线、视野范围、看到的细胞数等的变化规律，我们再用"三板斧"去记忆。跟"显微镜目镜、物镜的长短变化与放大倍数之间的变化规律"相同，这两个规律也是正好相反的关系，所以我们同样只记住其中的一条，另一条自然也就记忆下来了。

我们先看"倍小多亮"。由这四个字我们能够想到什么？我们用望文生义貌似没有什么想法，那就用谐音试一下。看到这个"倍"，我们很容易想到"贝壳"的"贝"，想到沙滩上面有很多贝壳，它们很小、很多，还亮晶晶的。可以的话，我们还可以在脑海里形成画面帮助我们记忆。这样，我们就记住了"倍小多亮"。

与"倍小多亮"相反的是"倍大少暗"，这样我们就把"放大倍数变化同观察视野变化的规律"记住了。我们用一道选择题来检验一下我们的记忆效果，同时也感受一下将"三板斧"记忆的口诀用于快速答题的效果。

用下列四台显微镜分别观察洋葱鳞片叶内表皮细胞，视野中细胞数量最多和视野最暗的分别是（　　）。

显微镜序号	目镜	物镜
甲	5×	40×
乙	10×	40×
丙	10×	4×
丁	15×	10×

A.丙、甲　　B.丙、乙　　C.乙、甲　　D.乙、丙

这道题考查的就是我们记忆的显微镜放大倍数变化同观察视野变化的规律，根据我们用"三板斧"记忆的口诀"倍小多亮，倍大少暗"，"视野中细胞数最多"的一定是放大倍数最小的，而"视野最暗"的一定是放大倍数最大的。根据这个推论，我们只需要找到放大倍数最小和最大的序号即可。

由显微镜放大倍数＝目镜放大倍数 × 物镜放大倍数可得：
甲显微镜的放大倍数为：5 × 40=200，也就是 200 倍。
乙显微镜的放大倍数为：10 × 40=400，放大倍数是 400 倍。
丙显微镜的放大倍数为：4 × 10=40，放大倍数是 40 倍。
丁显微镜的放大倍数为：15 × 10=150，放大倍数是 150 倍。

所以放大倍数最小的是丙显微镜，放大倍数最大的是乙显微镜，正确的选项是 B 选项。

对于一些规律性的内容，我们如果能运用"三板斧"总结出记忆口诀，不光能帮助我们牢固记忆知识内容，还能够在考试时帮助我们快速答题，且准确率极高。

人体的营养

人在生物圈中生存,需要从中摄取各种营养物质,包括糖类、脂肪、蛋白质、水、无机盐和维生素等,以满足自身对物质和能量的需求。然而当这些营养物质缺乏时,就会对人体产生不同的影响。

几种无机盐的缺乏症状

无机盐在人体细胞中的含量很低,只占细胞重量的1%—1.5%,然而它们的作用却非常大。目前人体中已发现的无机盐有20余种,其中大量元素有钙、磷、钾、硫、钠、氯、镁,微量元素有铁、锌、硒、钼、氟、铬、钴、碘等。平时我们若注意饮食的多样化,就能使体内的无机盐维持应有的水平,若饮食不当,造成不同种类的无机盐缺乏,就会表现出不同的症状。

常见的几种无机盐的缺乏症状

无机盐的种类	缺乏时的症状
含钙的无机盐	佝偻病(儿童)、骨质疏松症(老人)
含磷的无机盐	厌食、肌无力
含铁的无机盐	缺铁性贫血(乏力、头晕)
含碘的无机盐(微量)	地方性甲状腺肿,儿童智力等发育出现障碍
含锌的无机盐(微量)	生长发育不良

要记忆以上内容,我们可以先分别对它们进行分析,其中缺钙和铁的症状我们比较熟悉,可以依据常识记忆,而对于磷、碘、

锌缺乏时的症状，我们就有点陌生了，针对这样的知识点，我们怎样去记忆呢？因为"无机盐缺乏时的症状"我们一看就明白，所以我们可以借助"三板斧"，从症状中选一个字来代表整个症状，然后跟前面的无机盐种类形成一一对应的关系。

我们按照顺序，分别记忆当该无机盐缺乏时，人体会有什么症状。

缺钙，会导致佝偻病和骨质疏松症。这是常识，从小家长就会给我们补钙，这是因为钙能够促进骨骼生长。我们的骨骼发育好了，身体就会更加强健，也会长得更高一些。佝偻病本质上是骨骼发生了病变，是跟骨骼相关的，骨质疏松也是跟骨骼相关的。所以，**凡是跟骨骼相关的问题，往往都与缺钙相关**，因为骨头的一个重要组成元素就是钙。

缺磷，会导致厌食和肌无力。"厌食"，我们用"三板斧"中的替换方法，取个"食"字来替代它，然后把它跟"磷"组合在一起；再运用"三板斧"里的谐音方法，我们可以想到"零食"。所以，由"零食"我们可以想到：当我们缺磷时会厌食，厌食久了自然就会肌无力。因为我们都不怎么吃东西了，怎么会有力气呢？"厌食"跟"肌无力"就可以联系在一起了。这样，由"**零食**"，我们就记住了缺磷的症状。

缺铁，会导致缺铁性贫血。我们经常看到关于补铁补血的广告，可见补血跟补铁经常是合在一起的，我们可以根据常识记住。如果不知道，那也没关系，我们也可以使用"三板斧"，用"血"字替换"缺铁性贫血"，然后与"铁"组合。"铁"和"血"组合在一起，我们能够想到一个熟悉的词语——"铁血硬汉"，由"铁血硬汉"，我们可以记住缺铁时"会导致缺铁性贫血"。

缺碘，会导致地方性甲状腺肿以及智力障碍。"甲状腺肿"，我们取个"甲"字来替代，然后跟"碘"相组合，借助"三板斧"的谐音方法，我们将这两个字组合处理成"加点"。"智力障碍"，我们取"智力"两个字。这么一来，我们就将"缺碘，会导致地方性甲状腺肿以及智力障碍"处理成了"加点智力"。我们可以想象，补充碘，就相当于是给我们"加点智力"，因为缺碘会导致智力发育有障碍。所以，我们用"**加点智力**"来记忆缺碘的症状。

缺锌，会导致生长发育不良。由"锌"，我们能够想到"新旧"的"新"。生长发育不良，就是发育出问题了，意味着我们身体的"**更新**"出现了问题。所以，我们可以想到，缺锌就会导致我们身体的"更新"出问题，也就是生长发育不良。

如此，我们就把缺钙、缺磷、缺铁、缺碘、缺锌时的症状都记完了。我们快速地回忆一下，然后用下面这道题来检验一下我们对"常见的几种无机盐缺乏时的症状"的掌握程度。

小孩患有佝偻病，家长需要多给孩子补充以下哪种无机盐（　）？
A. 磷　　　B. 碘　　　C. 锌　　　D. 钙

根据之面的记忆，这道题的正确答案是 D。

血液成分及相关作用

在中学阶段的生物学科中，"血液成分及其功能"的相关知识点是考查的重点。我们人体的血液中含有不同的成分，它们各自具有不同的特征和功能，要做到清晰记忆这些知识点，我们不妨使用"三板斧"的方法。

血液是由血浆和血细胞（包括红细胞、白细胞、血小板）组成的。

血液成分	特征	功能
血浆	无	运载血细胞，运输养料和废物
红细胞	成熟的红细胞无细胞核	含血红蛋白，血红蛋白含铁，运输氧
白细胞	有细胞核，呈圆球状	防御和保护，包围、吞噬病菌
血小板	无细胞核，形状不规则	止血和加速凝血

血浆运载血细胞以及运输养料和废物，这点很简单，根据我们的常识很容易记住。

红细胞含有血红蛋白，血红蛋白含铁，运输氧。我们前面提过铁跟血是经常合在一起出现的，铁有运输氧的作用。红细胞给我们运来氧气，这里我们借助"三板斧"，分别取"红细胞""氧气"的"红"字和"氧"字，将它们组合在一起后，再用"三板斧"的谐音方法来处理一下。我们可以联想到"**被蚊子叮过的手臂又红又痒**"，或者是想到"红"跟"氧"组合在一起后形成的词——"**弘扬**"，借助"弘扬"这个词语，我们也能够记住红细胞对应的功能是运输氧。

白细胞有防御和保护功能，能包围、吞噬病菌。白细胞就相当于我们人体中的卫士，我们看到白色，又想到保卫我们的身体健康、消灭病菌，立马能联想到穿白大褂的医生。白细胞就相当于我们身体里的白衣天使，保护我们的身体，这样我们就把"白"跟"防御、保护"功能联系在一起了。

血小板有止血和加速凝血的作用。"血小板""止血""加速凝血"，怎么把它们联系在一起呢？通过望文生义看"血小板"的表面含义，我们立马能够想到"血凝成了一个小小的板子"，当我们流血时，血小板聚集在伤口处，结的痂就像一块小板。这么一联想，我们就能够记住血小板的功能是止血和加速凝血。

我们通过下面这道题来验证一下我们是否真的理解、记住了血液成分及其相关作用。

人体血液中起运输作用的是（　　）？
①血浆　　②红细胞　　③白细胞　　④血小板
A.①④　　B.①②　　C.②③　　D.③④

我们可以通过回忆在记忆血液成分以及它们各自的特征和功能时总结的口诀，来快速选出正确答案：B。

通过对上述生物知识点案例的分析、记忆，我们发现，遇到两两之间有对应关系的，或者说有两三条简短的知识要点的知识点内容时，不妨使用"三板斧"总结口诀来记忆，而且口诀可以帮助我们在答题时快速从选项中选出正确答案。

02 连锁故事法之生物

我们记忆生物中一些简短的知识时可以用"三板斧"的方法，但是当我们遇到一些有着五六条或七八条，甚至更多条较长要点的知识点内容需要记忆时，光用"三板斧"显然是不够的，这个时候就要考虑用到连锁故事法了。

生物学科中有很多知识点是不存在逻辑线索的，只是一种对客观规律的描述，类似这样的知识点，它们之间未必有什么逻辑线索，那我们又该如何记忆呢？我们先来看一个例子。

人体主要的内分泌腺

内分泌腺	分泌的激素	内分泌腺	分泌的激素
甲状腺	分泌甲状腺激素	肾上腺	分泌肾上腺素
性腺	分泌性激素	垂体	分泌生长激素
胰岛	分泌胰岛素	胸腺	分泌胸腺素

以上内容涉及甲状腺、性腺、胰岛、肾上腺、垂体和胸腺。甲状腺分泌的是甲状腺激素；性腺分泌的是性激素；胰岛分泌胰岛素；肾上腺分泌肾上腺素；垂体分泌生长激素；胸腺分泌胸腺素。

发现了吗？大部分内分泌腺的名字跟所分泌的激素名称是对应的，唯一一个有点区别的是垂体，垂体不是分泌垂体激素，而是分泌生长激素。所以，这个特殊的组合，我们可利用"三板斧"来处理，其他的内分泌腺只要知道名字就能够知道它们所分泌的激素。

利用"三板斧"，我们从"垂体"里提取一个"垂"字，让它跟"生长"相联系。比如，把"垂"谐音成"催"——"催生长"，"催"着你快点"生长"。

其实我们最需要记忆的是这六个内分泌腺，它们之间有什么逻辑关系吗？很遗憾，没有。那怎么办呢？我们前面说过，遇到像这样毫无逻辑可言的知识点，我们可以通过创造一个新故事来帮助记忆。这六个腺体的名字我们都很熟，只需要分别抽一个关键字出来，比如，"甲状腺"抽个"甲"字，"性腺"抽个"性"字，"胰岛"抽个"胰"字，"肾上腺"抽个"肾"字，"垂体"抽个"垂"字，"胸腺"抽个"胸"字。

之前和大家讲过创作连锁故事的思路，能组合在一起的优先组合，全部合并完后再综合成一句有意义的话或一个故事。这里，我们试着将"垂"跟"胸"组合在一起，能想到"捶胸顿足"的"捶胸"，暂时先把它俩合一起。

将"胰"跟"肾"组合在一起，再用"三板斧"中的谐音处理，可以想到"医生"。

把"捶胸顿足"和"医生"连在一起,组成"医生捶胸"。

还有"甲"跟"性",把它们组合在一起,可以想成一个人"姓贾",跟上面的"医生捶胸"连在一起便是——贾姓医生捶胸。而垂体对应的生长激素是"催生长",最终这句话就变成了:

贾姓医生捶胸,催生长。

这样一来,我们只要能够记住"贾姓医生捶胸,催生长"这句话,就能够记住这六种腺体。

接下来,我们用两道题巩固并检测一下对"人体的内分泌腺"这个知识点的掌握程度。

某人身体异常矮小,但智力正常,引起此症状的激素和分泌该激素的内分泌腺分别是(   )。

A. 甲状腺激素、垂体　　　　B. 生长激素、垂体

C. 甲状腺激素、甲状腺　　　D. 生长激素、甲状腺

这道题说某人身材异常矮小,但智力正常——身材矮小说明生长发育出了问题,所以他缺的是生长激素。回忆我们记忆内容时总结的口诀"贾姓医生捶胸,催生长",垂体对应生长激素,于是答案便出来了,是 B。

再看下面这道题。

下列腺体,属于内分泌腺的一组是(   )。

A. 甲状腺、唾液腺　　　　　B. 垂体、肠腺

C. 胃腺、肾上腺　　　　　　D. 垂体、甲状腺

这道题考查的是考生是否把六大腺体都记准记牢了，但凡有一个没记清都有可能选错。前文我们用连锁故事法总结出了"贾姓医生捶胸"的口诀，就是甲状腺、性腺、胰岛、肾上腺、垂体、胸腺，所以这道题的正确选项是 D。

感受到了吗？遇到这一类知识点的时候，连锁故事法就比较好用了。接下来我们再来看一个更长的例子，是关于生物进化历程的。

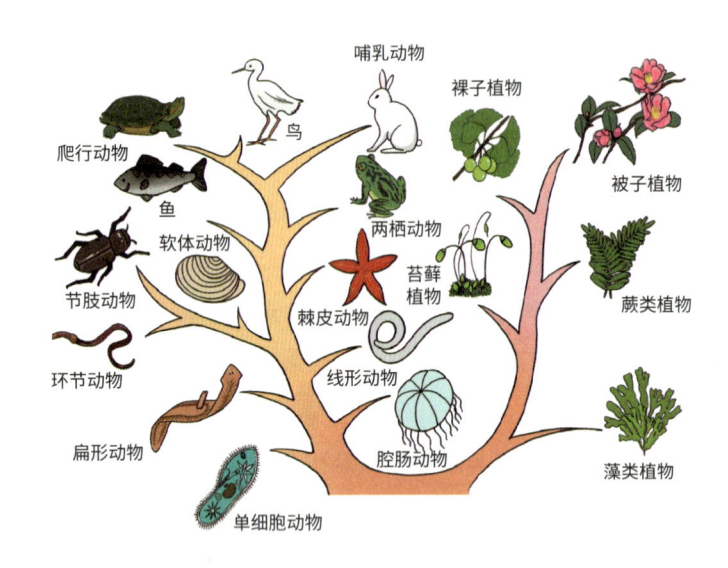

这是一张生物进化的大致历程图，包括动物进化历程和植物进化历程。

这些动物或植物在进化过程中出现的顺序是有先后的，但是因为点多且分散，用逻辑线索去记不太好记。所以，我们需要创建一条新的记忆线索来帮助我们记忆。

根据图片我们可以看出，左边是动物的进化历程，右边是植物的进化历程。我们先记一下动物的进化历程。

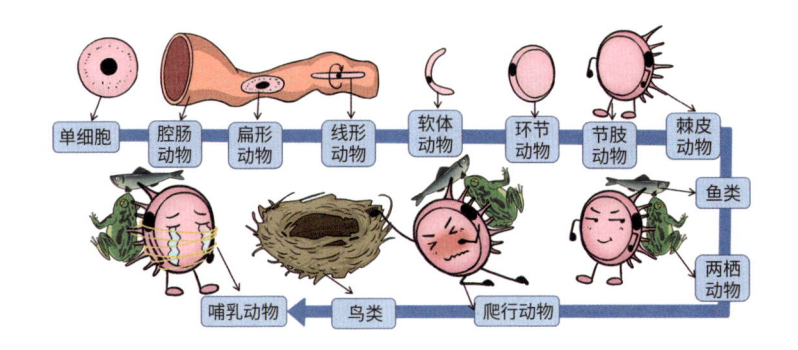

我们按顺序把刚才的树状图排列成了一个线性图。最开始的动物是单细胞，然后是腔肠动物—扁形动物—线形动物—软体动物—环节动物—节肢动物—棘皮动物—鱼类—两栖动物—爬行动物—鸟类，最后才发展到哺乳动物。

我们之前说能合的先合，但是这个生物进化历程自带先后顺序，我们不能随机组合，需要调整思路，按顺序组合。第一个和第二个相连，连完再连第三个，依次类推，这样来创建这个新的故事。

首先是单细胞和腔肠动物，我们可以想象有一个单细胞进入肠道里面，把单细胞和腔肠动物先联系在一起；它进入腔肠后被压扁了，对应的就是扁形动物；压扁了之后再进一步就被压成了一条线，对应的就是线形动物；这条线还是柔软的，对应的就是软体动物；然后把这个线弄成了一个圆环，就是环节动物；接下来，在这个圆环的上面长了肢体和棘皮，对应节肢动物和棘皮动物，棘皮动物身上长了硬壳和刺，比如说海星、海胆；长刺的棘皮动物刺伤鱼类和青蛙，这里用青蛙来代表两栖动物，我们可以想象长了棘皮的动物在水里运动的时候，刺伤了鱼以及两栖动物；刺完以后，它就上岸了（大家知道最早的陆地动物都是从海洋里面爬出来的，所以我们可以想到这个动物开始往陆地上爬），爬到了一个鸟窝里面，对应的就是鸟类；最后它被捕了，对应的是哺乳动物。就这样，我们用一个全新的自创故事把这一系列的记忆点全部联结起来了。

我们把刚才的记忆思路整理一下，得到：一个单细胞走进肠道被压扁了，压成了一条线，柔软的身体形成了一个圆环，长出了肢体和棘刺，刺伤了鱼和蛙，然后爬行到了鸟巢被捕（哺）捉了。

记好了动物的进化历程，我们再来记一下植物的进化历程。

最早的植物是藻类植物，然后是苔藓植物，再往后是蕨类植物、裸子植物，最后是被子植物。

植物的进化历程只有五个记忆点，相对来说比较好处理。我们还是先抽关键字（词），从"藻类"开始，抽个"藻"字，"苔藓"抽个"苔"字，"蕨类"抽个"蕨"字，"裸子植物"就抽个"裸"字，"被子植物"抽个"被"字。

同样地，虽然这次只有五个记忆点，但是我们要记的是进化历程，所以这五个记忆点之间自带顺序逻辑，不能随意组合，需要按顺序组合创建。首先要组的便是"藻"跟"苔"，我们可以联想到"澡台"，就是洗澡的台子，也可以是"灶台"，烧火的台子。选"澡台"还是选"灶台"都没有关系，我们组好词先放一边，看一看怎样合下面的词比较合适。第三个字是"蕨"，这个字比较难，一时想不到与之相关联的，所以先放一边，往下看。接下来是"裸"跟"被"，它们组合在一起可以造出"裸背"一词。什么时候会裸背啊？是洗澡的时候。所以我们可以把这五个字想成

"**藻台决裸背**",这样就可以记住植物的进化历程了。

综上,我们可以发现,当遇到多条没有逻辑的知识点需要记忆的时候,连锁故事法是很实用的。只要我们的想象力足够强大,便可以把任意两个不相关,或者说任意多个不相关的东西穿成一句话,或者穿成一个小故事。有逻辑就用逻辑线索去记,没有逻辑就创造线索去记。

03 定位法之生物

在生物学里,我们经常需要记忆植物的特征、人体的系统、生物的系统等类型的知识点,而这些知识点大多跟我们自身息息相关,或者说是我们生活当中常见的一些事物。在记忆这样的知识时,用传统记忆方法记忆效率偏低,而若使用定位法,则会达到事半功倍的效果。在本节内容中,我们选择几个典型的知识点,体验如何将定位记忆法运用到对生物知识点的记忆上。

用植物来定位记忆植物组织

我们知道,植物细胞在分化过程中会形成各类组织,它们组成了植物的器官,我们把这些来源相同、拥有同一功能的细胞集合结构单位分成了五大类:保护组织、输导组织、营养组织、机械组织、分生组织。这五大基本组织的功能及特点如下。

保护组织：由表皮细胞构成，具有保护内部柔嫩部分的功能。
营养组织：细胞壁薄，液泡较大，有储藏营养物质的功能。
分生组织：由终生具有分裂能力的细胞构成。
输导组织：导管能够运输水和无机盐，筛管能够运输有机物。
机械组织：细胞壁比较厚，起支持和保护的作用。

单看这几种组织，我们可能会觉得抽象又陌生。但仔细观察后，我们会发现，这些组织与植物的某些部位是可以一一对应的。现在，我们便考虑如何借助一棵植物来记忆。

以一棵树为例，树有树皮、树干、树枝、树叶、树根……

要关联保护组织的话，想一想，树的哪个部分是承担保护功能的？很自然地，我们想到了树皮。

还是那棵树，再找找看，哪个部分能和营养组织相关联？这也很容易——根。毕竟，根是给整棵树提供营养的，用根来对应营养组织特别契合。

至于分生组织，树根里虽然也有大量的分生组织，但除了根，还有茎等部位有。之所以树枝有那么多分杈、长出那么多的树叶，也是因为有分生组织的存在。所以，分生组织我们可以用树枝或者树叶来替代，到底用树枝还是树叶，我们先放一边。因为针对这种可以有多项选择的，我们还需要综合别的知识点判断。

输导组织和机械组织，依然是从那棵树上找关联，导管能够运输水和无机盐，筛管能够运输有机物。输导组织自然就能联想到树干，因为我们都知道，树里所有的营养物质从地里吸过来后，都需要通过树干输送到各个树枝以及树叶等地方去。因此，树干是一个很大的输导组织。

如果我们将输导组织对应树干，那么对于机械组织，我们就该想到树枝。机械组织在植物体内起着支撑的作用，我们可以想象这些树枝就像是树的机械臂一样。如果机械组织对应的是树枝，那么就意味着分生组织得选择树叶，这样才能把它们区分开来。

当我们把这些一一对应完以后，只需要依照植物的形态，按照从高到低的顺序，就能够把这五种组织记下来了。

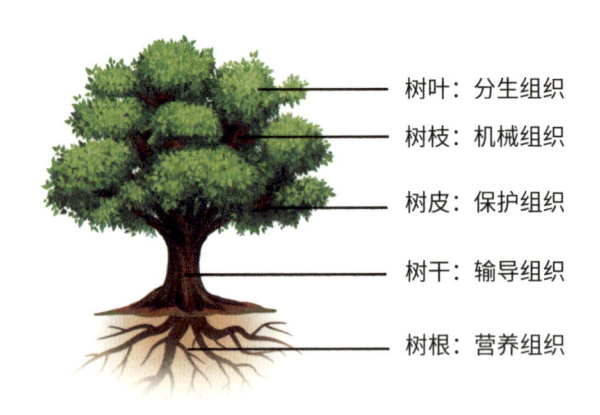

树叶：分生组织
树枝：机械组织
树皮：保护组织
树干：输导组织
树根：营养组织

如图所示，树叶、树枝、树皮、树干、树根非常清晰又完整地对应了植物的五个组织。

从上到下：

树叶——分生组织；

树枝——机械组织；

树皮——保护组织；

树干——输导组织；

树根——营养组织。

当然，这种对应关系并不是唯一的，我们也可以换其他部分进行对应。唯一需要注意的是，一定要按固定的顺序来对应。随机排布的话，回忆的时候就会比较混乱，只有按固定顺序记忆，在回忆的时候才能做到条理清晰，不管是从上到下，还是从下到上都行。此外还需要注意对应的唯一性，一个部位不可对应两个内容。比如，树根既可以和营养组织关联，也可以和分生组织关联，但我们只能选其一。

> **小贴士**
>
> 定位法非常重要的一点是把我们要记忆的知识按照一定的顺序跟对应的"地点桩"进行关联。

定位记忆法让我们用一棵树轻松地记住了植物的五大基本组织的功能及特点。接下来我们通过一道题，一起巩固一下对这一知识点的记忆。

下列哪个选项不属于植物的几种基本组织（　　）？
A. 分生组织　　　　　　B. 营养组织
C. 薄壁组织　　　　　　D. 保护组织

我们可以通过回想在记忆知识点时定位的那棵树来解答本题，这里的"薄壁组织"没有相对应的"地点桩"，所以很明显答案是 C。

用人定位记忆人体系统

植物有五大基本组织,我们用一棵植物作为定位图来进行了记忆。作为"万物之灵长"的人,当然也有自己的生物特征,我们是不是也可以用人体来进行定位记忆呢?

我们知道,人体有四种基本组织——上皮组织、结缔组织、肌肉组织和神经组织,它们的**功能及特点分别如下**。

上皮组织:由上皮细胞构成,起保护和分泌作用。
结缔组织:种类很多,骨组织、血液等都属于结缔组织,具有支持、连接、保护、营养等功能。
肌肉组织:由肌细胞构成,一般位于骨骼、心脏等部位以及人体内脏的表皮层内,起到收缩和舒张作用。
神经组织:主要由神经细胞构成,能感受刺激、传导神经冲动。

人体只有四种基本组织,选人体来定位似乎很契合:由神经组织我们可以想到头,由上皮组织我们可以想到脸,由结缔组织我们可以想到手腕,由肌肉组织我们可以想到手臂。难道我们就这样直接用人体定位吗?不,别着急。在生物中,我们除了需要学习人体的基本组织这样的知识点外,还需要记忆人体的八大系统,它们分别是运动系统、循环系统、神经系统、消化系统、呼吸系统、内分泌系统、泌尿系统和生殖系统。

我们发现,人体的八大系统也非常适合用人体来做定位图,如果我们再次用身体定位,人体的八大系统肯定会和四大基本组织在定位上有交叉，一些知识点就容易搞混。很多初学定位法的人最容易犯的一个错误，就是以为只要"定"上了就行，没有注意到知识点之间的这种关联性、区别性。所以，虽然人体的四种基本组织和八大系统都是关于人体的知识点，但我们只能把人体用作其中一个知识点的定位图。

人体的四种基本组织相对人体的八大系统来说，需要记忆的内容量不大，我们可以直接取人体的某一个部位作为定位图，比如选用手臂定位。

手臂上覆盖着大量的皮肤，而上皮组织很容易和皮肤关联在一起。

大家吃猪蹄的时候经常吃到猪蹄筋，吃牛蹄的时候也吃过牛蹄筋，这些筋其实就是结缔组织，是用来连接关节的。

由肌肉组织我们很容易想到手臂上面的肌肉。

神经组织可以跟手指关联。手指虽然只占人体很少的一部分，但大脑里面跟手指相关联的神经区域却占了很大一部分。我们的手指上有很多神经末梢，经常锻炼我们的手指能够活化我们的大脑。这样一想，我们可以利用手指来帮我们记神经组织。

经过这样一分析，我们便可以用"一条手臂"来帮助我们定位人体的四种基本组织：

手指——神经组织；

手腕——结缔组织（连接关节）；

皮肤——上皮组织；

肌肉——肌肉组织。

接下来，我们依然通过一道题来巩固我们对人体的四种基本组织的记忆。

下列属于人体的几种基本组织的是（　　）？
①结缔组织　　②上皮组织　　③保护组织
④肌肉组织　　⑤神经组织
A.①②④⑤　B.①②③⑤　C.①③④⑤　D.②③④⑤

这道题考查我们对人体基本组织的记忆。回忆一下我们前文提到的那条手臂：手指对应着神经组织；手腕是连接关节的地方，对应着结缔组织；手臂上有皮肤，对应上皮组织；皮肤下面包裹着肌肉，对应肌肉组织。唯独保护组织没有对应的"地点桩"。所以，正确的选项是 A。

前文我们还提到了人体的八大系统，相比人体的基本组织，人体的八大系统的记忆点更多，借助人体来记是首选方案。

人体八大系统各自包含的部位及作用如下。
消化系统：包括口腔、咽、食管、胃、肝、肠、肛门等，以及相应的消化腺，主要负责完成对食物的摄取、消化和对营养物质的吸收。
呼吸系统：包括鼻、咽、喉、气管、肺等，主要负责完成呼吸运动，与外界空气进行气体交换。
循环系统：包括心以及各级血管等，主要负责将营养物质和氧输送到各个器官、组织，并收集各器官组织代谢的产物排出体外。
内分泌系统：包括甲状腺、肾上腺、垂体等内分泌腺，主要负责分泌激素，调节生长发育、代谢等。
神经系统：由脑、脊髓及各级神经构成，主要负责调节机体的活动。

运动系统：由骨骼、肌肉、关节构成，主要负责完成运动，起支撑和保护作用。

泌尿系统：包括肾、输尿管、膀胱、尿道，主要负责排出体内代谢产生的废物。

生殖系统：包括生殖腺和附属器官，主要负责繁殖新个体。

我们由消化系统能够想到肠道或者嘴巴；由运动系统可以想到腿；由呼吸系统能够想到鼻子；由循环系统可以想到心脏；由泌尿系统会想到膀胱；由神经系统会想到头，因为脑袋里有很多神经网络；由生殖系统可以想到子宫；由内分泌系统可以想到甲状腺，而甲状腺在我们的脖子部位。

所以，经过上述分析，我们可以得到下面这张图，按照从上往下的顺序，就可以根据身体各个部位的定位，回忆出八大系统了。

人体八大系统

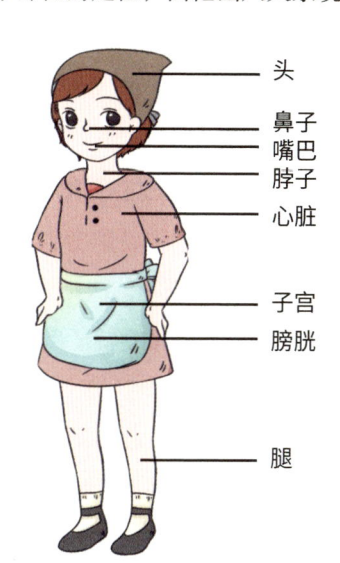

- 神经系统 —— 头
- 呼吸系统 —— 鼻子
- 消化系统 —— 嘴巴
- 内分泌系统 —— 脖子
- 循环系统 —— 心脏
- 生殖系统 —— 子宫
- 泌尿系统 —— 膀胱
- 运动系统 —— 腿

这里，我们用到的部位有头、鼻子、嘴巴、脖子、心脏、子宫、膀胱以及腿，只要记住它们，我们基本上就记住了人体的八大系统。但也并不是说只能选择这八个部位，我们可以根据自己的思维、记忆习惯，选择其他的八个部位来对应这八大系统。条条道路通罗马，不管选择哪个部位，只要能记住人体的八大系统就是可以的。

我们依然通过一道题来检验我们对人体八大系统的记忆是否清晰。

下列不属于人体八大系统的是（　　）？
A. 组织系统　　　B. 运动系统
C. 循环系统　　　D. 神经系统

我们可以根据自己的定位方式，查看这几个选项是否都包含在八大系统内。很显然，组织系统没有"地点桩"，所以答案选A。

用动物定位记忆生物特征

学习了如何运用定位法记忆植物组织、人体系统，我们再来看如何用定位法记忆生物特征。

生物的特征包括：
1. 生物的生活需要营养。
2. 生物能进行呼吸。

3. 生物能生长和繁殖。
4. 生物能排出身体内产生的废物。
5. 生物能对外界刺激做出反应。
6. 生物都有遗传和变异的特性。

在生物的特征中,"生物的生活需要营养"很容易让我们联想到嘴巴;由"生物能进行呼吸"我们可以想到鼻子;由"生物能生长和繁殖"我们可以联想到肚子……冷不丁一看,又一个人体图在脑海中浮现。但是我们已经将人体用于定位人体的八大系统了,如果生物特征也用人体来定位,那肯定会和人体的八大系统的知识点搞混。不过生物可不只包含人类,狮子、老虎、大熊猫都属于生物,因此我们可以换种动物来帮我们实现定位记忆,比如选择一只老虎。

生物的生活需要营养——老虎靠什么摄取营养?也是靠自己的嘴巴。所以这一条我们定位到老虎的嘴巴。

生物能进行呼吸——老虎的鼻子也能进行自由呼吸。

生物能生长和繁殖——我们可以联想到母老虎肚子里有个小老虎。

生物能排出身体内产生的废物——我们可以想到老虎的屁股。

生物能对外界刺激做出反应——我们可以想到老虎的爪子,如果它受到威胁,爪子就会全部亮出来。

生物具有遗传和变异的特性——因为基因突变,有些婴儿天生就是畸形的,而这一现象在生物界是普遍存在的。那变异的老虎长什么样?正常老虎的颜色大家都见过,但是白虎是很少见的。白虎之所以少,是因为它的基因发生突变,所以由这一条我们便可以联想到一只白色老虎。

总结下来，我们这次需要的定位图是一只白色的母老虎。

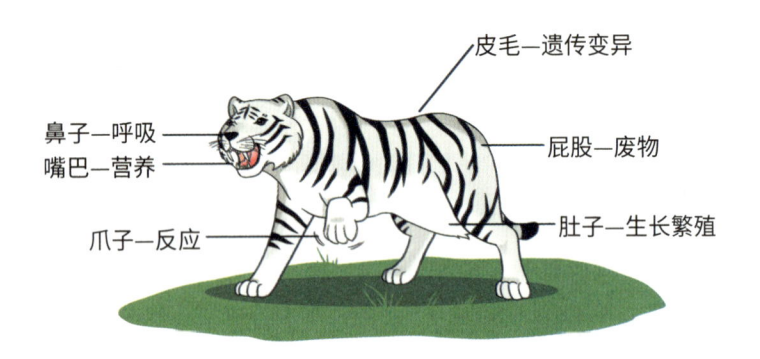

鼻子—呼吸
嘴巴—营养
爪子—反应
皮毛—遗传变异
屁股—废物
肚子—生长繁殖

如图所示，我们按照一定的顺序，比如逆时针，从鼻子开始，按照鼻子—嘴巴—爪子—肚子—屁股—皮毛（也就是背）的顺序，就可以复述出生物的特征。当然，这个顺序也是可以调整的。

下面我们看一道题，来巩固、检测一下我们对生物特征的记忆。

下列不属于生物的基本特征的是（　　）
A. 生物的生活需要营养。
B. 生物都是由细胞构成的。
C. 生物都可以对外界刺激做出反应。
D. 生物都能生长和繁殖。

根据刚才的记忆，我们按照记忆时定位好的顺序一一比对，很容易选出不属于生物的基本特征的选项——B。

综上，当我们在生物学习中遇到这样的知识点，不管是跟人相关的，跟植物相关的，还是跟动物相关的，都可以考虑用定位法来帮助我们记忆。需要注意的一点是，不同知识点要用不同的事物、不同的画面来定位，这样才能够做到每一个"地点桩"上面对应的都是唯一的精准记忆的信息。

04 构图法之生物

在生物学科里,有许多纯文字的知识点,就像我们前文中列举的关于人体八大系统的描述,如果我们单纯看文字,可能会觉得很绕,不能清晰理解,更别提记忆了;可若我们根据这些文字所描述的内容绘制一幅图(可以是流程图,也可以是示意图,甚至是风景图)来帮助我们记忆,思路瞬间就会清晰很多。所谓"一图抵千言",大概就是这个意思。

本节内容中,我们选取人体八大系统中的消化系统和循环系统的部分知识点作为案例,体验构图法在记忆生物知识点中的应用。

消化系统——消化和吸收

人体的消化系统由消化道和消化腺两大部分组成,其基本功能是完成食物的消化和吸收。食物在人体内的消化过程包括两个方面：一方面是将食物切断、磨碎、与消化液充分混合；另一方面是食物中的大分子有机物在消化酶的作用下分解为能被细胞吸收的小分子有机物。这里我们重点讲解如何记忆大分子有机物被分解成小分子有机物的过程，这个分解过程涉及三个方面。

淀粉在口腔内唾液淀粉酶的作用下初步分解成麦芽糖，在小肠内肠液和胰液的共同作用下最终被分解为葡萄糖。

淀粉存在在哪里？我们吃的大米主要成分就是淀粉。我们吃进大米后，淀粉在我们口腔中的唾液淀粉酶的作用下，首先分解成麦芽糖；进入小肠后，在肠液和胰液的共同作用下，最终分解为葡萄糖。葡萄糖是我们人体重要的能量来源。

蛋白质在胃内胃液的作用下初步消化，在小肠内肠液和胰液的共同作用下最终被分解为氨基酸。

说到蛋白质，我们自然会想到鸡蛋。蛋白质不会在我们的口腔中被消化，而是进到胃部后，在胃液的作用下初步消化，之后进入小肠，在肠液和胰液的共同作用下，最终被分解成氨基酸。

脂肪在小肠内胆汁的作用下被乳化成脂肪颗粒，在肠液和胰液的共同作用下最终被分解为甘油和脂肪酸。

提起脂肪，我们很容易想到猪肉。脂肪的消化方式与淀粉和蛋白质略有不同，它先是在胆汁的作用下，有一个乳化的过程，形成脂肪颗粒，接着在肠液和胰液的共同作用下，分解成甘油和脂肪酸。而这两个过程都是在人体的小肠中完成的。

单纯地看上面需要记忆的文字，大家会觉得比较乱，也容易混淆对应的知识点。遇到这种情况，我们便可以采用构图法来帮助我们记忆。

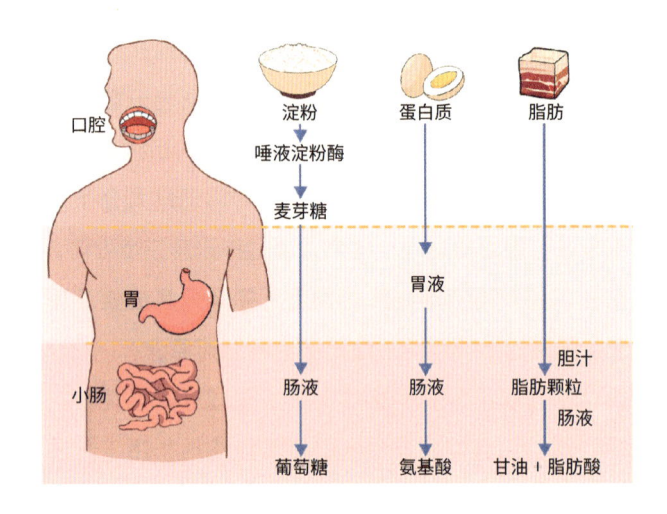

我们根据知识点中提到的人体的几个部位，用一张人体消化器官的简图，再配上一碗米饭、一个鸡蛋和一块肉，如上图所示，就能够把淀粉、蛋白质、脂肪的消化路径囊括了。

淀粉的那条路径大家相对熟悉，可以直接记忆。

再看蛋白质。我们可以想象有一个鸡蛋在胃里面，或者想象胃的形状就像是一个鸡蛋。所以，我们能够记住蛋白质的初步消化是在胃里进行的。接下来，经过初步消化的蛋白质到了小肠里，在肠液和胰液的共同作用下变成了氨基酸。

最后看脂肪。脂肪和肉是很容易关联在一起的，而脂肪消化的首步是变成脂肪颗粒，这一步必须在胆汁的作用下才能够达成。与淀粉和蛋白质的首次消化所用到的消化液和场所之间的关系不同，脂肪首次消化虽然是在小肠内，但是它所用到的消化液却是由肝脏分泌的胆汁，这一点跟由口腔分泌的初步消化淀粉的唾液、由胃分泌的初步消化蛋白质的胃液是不一样的，所以我们需要特别记忆。

我们可以使用"三板斧"的方法，从"脂肪"中抽个"脂"字，从"胆汁"中抽个"胆"字，然后将二者组合成"脂胆"，继续用"三板斧"的谐音方法处理一下，可以联想到"子弹"。借助"子弹"，我们能够记住脂肪的首次消化需要用到"胆汁"。

我们也可以想着脂肪变成了脂肪颗粒后，像一粒粒小的子弹，到达小肠后，在肠液和胰液的作用下，变成甘油和脂肪酸。

对于"甘油"和"脂肪酸"，我们同样也采用"三板斧"记忆：分别抽取"油"字和"脂"字组合成"油脂"。这样我们就把脂肪在哪里消化，以及最终消化成什么物质也记住了。

一堆看似复杂的文字描述，我们用构图法配上"三板斧"便能轻松记住。接下来我们用两道题来巩固一下对消化系统知识点的记忆。

下列消化液中，不能消化蛋白质的是（　　）。
A. 唾液　　B. 胃液　　C. 肠液　　D. 胰液

我们通过回忆那张我们总结的人体消化器官的简图，很容易排除唾液，所以正确答案是 A。

馒头在口腔中越嚼越甜，是因为人的唾液中含有（　　）。
A. 唾液淀粉酶　　B. 麦芽糖　　C. 淀粉　　D. 水

馒头中含有淀粉，我们可以回想一下淀粉的消化路径，有越嚼越甜的感觉是因为淀粉在口腔进行第一次消化，淀粉在唾液的作用下变成了麦芽糖。所以这道题的答案也是 A。

记完了与消化系统相关的知识点,接下来我们再看循环系统的知识点如何采用构图法进行记忆。

循环系统——心脏

心脏是我们人体最重要的器官,所有的生命活动都依赖于心脏不停地收缩和舒张,推动着血液在我们人体血管内循环流动,输送我们人体所需要的营养物质和氧气。与心脏相关的知识点,包括心脏的结构特定、人体血液循环,是中学阶段生物考核的重点,同时因为涉及众多的名词,也一向是大家记忆的难点。这里我们根据知识内容的特点,运用构图法帮助我们条理清晰地记忆这些知识点。

首先,我们来看如何记忆心脏的结构特点。

心脏的结构特点

心脏是一个主要由肌肉组成的器官,内部由一道肌肉壁将心脏分隔成左右不相通的两个部分。每一部分各有两个腔,上面的空腔叫心房,下面的空腔叫心室。心脏的四个腔分别有血管与它相连通,与左心室相连的是主动脉,与右心室相连的是肺动脉,与左心房相连的是肺静脉,与右心房相连的是上腔静脉和下腔静脉。心房与心室之间、心室与动脉之间都具有能开闭的瓣膜,这些瓣膜只能朝一个方向开,能够防止血液倒流。

看完这段文字,有种眼花缭乱的感觉,什么左心房、左心室,右心房、右心室,肺动脉、肺静脉,主动脉、上下腔静脉的,相似的名词一大堆。遇到这样的知识点,我们不急于马上开始诵读记忆,可以先一一分析,逐一突破。只要找准了方法,记忆起来就没有什么困难。这里我们借助心脏的结构图来梳理知识点。

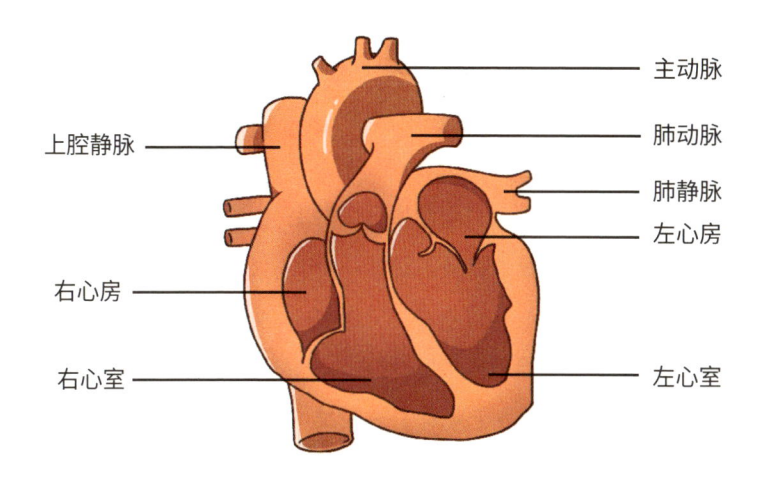

首先,我们要分清心房和心室的上下顺序,进而记住左右心房和左右心室的位置。从图中我们可以看出,心房是在上面的,心室是在下面的,为防止我们后期记忆模糊,我们可以借助"**房室**"这个词来进行记忆。"房屋的室内",我们简称为"房室",用来提示心房在上、心室在下,再结合左右顺序,我们就能够记住左右心房和左右心室的位置了。

接下来,我们要记忆心脏的四个腔分别与哪根血管相连。通过对知识点"**与左心室相连的是主动脉,与右心室相连的是肺动脉,与左心房相连的是肺静脉,与右心房相连的是上腔静脉和下腔静脉**"的观察,我们发现,心室连接的是动脉,心房连接的是静脉。我们可以借助"室内运动"来记忆"心室连接的是动脉"。对于"心房连接静脉",我们可以想到"房间要安静",这样就记住了左右心房连接的是静脉。

但是只记住"心室连接的是动脉,心房连接的是静脉"是不够的,我们最终的目的是要记住左右心室连接的具体是哪条动脉,左右心房连接的具体是哪条静脉。我们前面反复提及"一一对应的关系可以用'三板斧'进行关联",所以记忆"左心室连接主动脉"时,我们从"左心室"中取个"左"字,"主动脉"中取个"主"字。"左"跟"主"组合在一起就变成了"左主"。用"三板斧"谐音处理一下,我们能够想到"做主",所以,"做主"—"左主"—左心室连接的动脉是主动脉。

同样道理,我们从"右心室连接的是肺动脉"中分别取"右"字跟"肺"字,组合在一起,可以联想到"又废了"的"又废",或者"邮费"。不管是"又废了"还是"邮费",都可以帮助我们记住"右心室连接的是肺动脉"。

我们再看"左心房连接肺静脉"。前面我们记住了"右心室连接肺动脉",这里正好都是相反的,我们直接反过来记就好。

剩下的静脉只有上腔静脉和下腔静脉了,所以毫无疑问,它是跟右心房相连的。若是也想通过记忆法来记忆这一条,我们可以这样处理,从"上腔"中取个"上"字,从"下腔"中取个"下"字,跟"右"相连,我们可以联想到"上下游",这样我们就记住了"右心房连接的是上腔静脉和下腔静脉"。

我们可以将前面这林林总总的内容,总结成一句口诀帮助记忆。

室内运动,房间安静;左主(做主),右肺(邮费);上下右

（上下游）。

通过这样分解记忆，我们就记住了心脏的结构特点。我们可以通过一道题来检验一下这样的记忆方法是否可以帮助我们快速且牢固地记忆知识要点。

图为人的心脏内部结构示意图，图中C处所指的腔以及和它相连的血管分别是（　）。

A. 右心室、肺动脉
B. 左心室、肺动脉
C. 右心室、主动脉
D. 左心室、主动脉

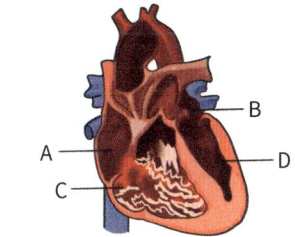

根据刚才的记忆，"室"对应的"动"，然后"右"和"肺"组成了"邮费"，所以答案是A。

记住了心脏的结构特点，我们再来看构图法如何帮助记忆人体的血液循环。

人体血液循环

人体血液循环可分为体循环与肺循环两个系统。

体循环

血液由左心室进入主动脉，再经过全身的各级动脉、毛细血管网、各级静脉，最后汇集到上腔、下腔静脉，流回到右心房，这一循环途径被称为体循环。

在体循环中，当血液流经身体各部分组织细胞周围的毛细血管网时，不仅把运输来的营养物质供给组织细胞利用，把细胞产生的二氧化碳等废物带走，而且红细胞中的血红蛋白把它所结合的氧释放出来，供细胞利用。这样，血液就由含氧丰富、颜色鲜红的动脉血，变成了含氧较少、颜色暗红的静脉血。

这么一大段绕来绕去的文字，其核心内容只有一点：体循环中，血液从左心室流出，经人体一圈，把营养物质和氧输送到了身体的各个部分，同时把身体各部分细胞产生的二氧化碳等废物带走。从左心室流出的血液，原本是充满氧的，经过了身体的各个组织，氧含量变少了，同时多了二氧化碳，所以就由颜色鲜红的动脉血变成了颜色暗红的静脉血。我们可以想到，体循环就是给我们的身体输送去氧气，同时把二氧化碳带走的循环。

动脉血变成了静脉血，那原来的静脉血又怎样了呢？静脉血里含氧量低，不能为我们人体输送营养物质和氧了。还好，我们人体有另外一个循环，就是肺循环。在肺循环中，缺乏氧气的静脉血经过肺部的毛细血管，由肺部吸收外面的氧气进来，把氧重新注入血液。

肺循环

血液从右心室进入肺动脉，经过肺部的毛细血管网，再由肺静脉流回左心房，这一循环途径称为肺循环。

血液流经肺部的毛细血管网时，血液中的二氧化碳进入肺泡，肺泡中的氧进入血液，与红细胞中的血红蛋白结合。这样，血液就由含氧较少、颜色暗红的静脉血，变成了含氧丰富、颜色鲜红的动脉血。

由此可知，体循环是血液从心脏左侧出发回到右侧，肺循环是血液从心脏右侧出发回到左侧，这样就形成了一个完整的血液循环途径。

如果只是单纯看这个知识点的文字，从这里出来然后进到那里去，又是氧气又是二氧化碳的，让人一头雾水，但我们根据血液循环的流程，把肺循环和体循环绘制成图片，如下图所示，这个知识点就一目了然了，而且记忆起来事半功倍。

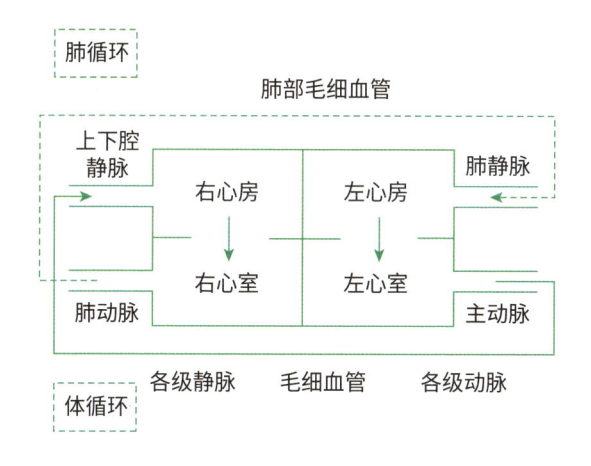

```
       肺循环
              肺部毛细血管
   ┌─────────────────────────┐
   │ 上下腔           肺静脉   │
   │ 静脉  右心房  左心房      │
   │        ↓      ↓          │
   │       右心室  左心室      │
   │ 肺动脉           主动脉   │
   └─────────────────────────┘
        各级静脉  毛细血管  各级动脉
     体循环
```

根据我们绘制的这张图，我们还可以把肺循环和体循环的流程梳理成文字表述。

体循环：左心室—主动脉—各级动脉—组织细胞周围的毛细血管网—各级静脉—上腔、下腔静脉—右心房。

肺循环：右心室—肺动脉—肺部毛细血管网—肺静脉—左心房。

所以，我们只要把这一张图搞明白，就可以记下人体血液循环的相关知识了。我们仍然通过一道题来巩固或检验我们对这部分知识点的记忆情况。

右图是人体血液循环示意图。有关叙述错误的是（ ）

A.肺循环和体循环同时进行。

B.a、e中流的是动脉血。

C.体循环的起点为d。

D.肺循环的终点为b。

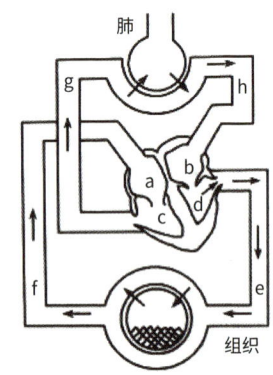

这道题考查的是人体的血液循环，要求从各选项中选出错误的答案。所以，我们要从中选出与我们记忆的内容不一致的选项。

选项A提到肺循环和体循环同时进行，这个选项是正确的，因为左右心房或左右心室是同时收缩或舒张的。

选项B中提到a、e中流动的是动脉血。我们根据对心脏结构的记忆，可判断a是右心房，d是左心室。从左心室流出来的血液是含氧量高、颜色鲜红的动脉血，所以e中流的是动脉血，把营养成分和氧输送到全身各个组织，之后回到a右心房，这时血液已经变成了含氧量少，同时还有大量二氧化碳的静脉血，所以a中流的是静脉血。因此B选项是错的。

我们在判断选项B是否正确的过程中，已经判定了体循环的起点是d，所以选项C正确。

选项D考查了肺循环的终点，我们根据图片可以看出，肺循环是从c开始的，转了一圈后回到了b。所以D选项也是正确的。

综上，正确答案是 B。

通过对本节内容涉及的这几个知识点的记忆，我们可以看出，遇到那种看上去很长一段，读起来绕，理解起来费劲，但是又有着一定顺序或流程的文字，我们不妨画一张能够表现内容的流程图（示意图）来帮助理解，再配上"三板斧"和连锁故事法等记忆方法帮助记忆，我们就会得到事半功倍的记忆效果。

Chapter 6

地 理

01 "三板斧"之地理

地理是我们进入初中后才接触的一门学科，与其他学科相比，它的突出特点是文理交融，既有理科的严密性和逻辑性，也有文科的生动和灵活。所以，我们在记忆地理知识时，需要根据知识内容的不同，搞明白记忆重点，选择合适的记忆方法。而"三板斧"作为我们前面反复提到的记忆方法，可以帮我们"对付"一切没有逻辑的、抽象的知识点，所以针对地理学科的很多基础知识，我们依然建议使用"三板斧"帮助记忆。在本节内容中，我们还是以实战记忆的方式，引领大家发现"三板斧"中的替换、望文生义、谐音是如何帮助我们完成对地理知识点的记忆的。

我国是世界上人口最多的国家，能孕育这么多的人，离不开我们的长江、黄河。所以我们先来使用"三板斧"记忆关于长江、黄河的知识点。

长江、黄河干流河段的分界点

Q 长江干流上中下游的分界点是哪两个城市？
A 宜昌、湖口。

Q 黄河干流上中下游的分界点是哪两个城市？
A 河口、桃花峪。

我们在前文提到过，一般情况下，遇到中国地名都可以用替换的方式来帮助记忆。例如，在记忆长江、黄河干流上中下游的分界点时，我们从"长江"中取个"长"字，从"宜昌"中取个"宜"字，从"湖口"中取个"湖"字，把它们三个组合在一起，就变成了"长宜湖"；从"黄河"中取个"黄"字，从"河口"中取个"河"字，从"桃花峪"中取个"桃"字，把它们三个组合在一起，就变成了"黄河桃"。我们可以把"河桃"谐音处理成"核桃"，"黄核桃"可以被理解成一个黄色的核桃。那么，这个知识点我们就可以总结成口诀"长宜湖黄核桃"，感觉描述起来有些怪异。所以我们稍微变动一下，"湖口"我们不取"湖"字了，换"口"字，再运用谐音法，就可以得到"尝一口"。这样口诀就变成了：

> **尝 一 口，黄 核 桃。**
> 长江 宜昌 湖口 黄河 河口 桃花峪

根据口诀，我们就能够记住长江和黄河干流上中下游河段的分界点，分别是宜昌和湖口、河口和桃花峪。

需要提一点的是，这里我们提取的"河"虽然也可以表示别的地名或省份，比如河南、河北中也含有"河"，但在这里它比较有特点，需要稍微注意一下，我们可以记成黄河口。在运用方法的时候，灵活变通很重要，若总是抱着某一条规则不放，那我们运用起方法来就会特别别扭。所以，不用特别纠结，只要能够帮我们记住知识点就可以。

中国的地名大家都很熟悉，所以运用起"三板斧"来不存在任何困难，我们再试试运用"三板斧"记外国的地名。对于外国地名的记忆，如果地名是我们熟悉的，同样可以用替换的方法；但若是不太熟悉，则建议使用谐音的方式。当然，大部分情况下，我们或多或少都会用到一点谐音，因为相对来说，大家对那些国外的地名没有那么熟悉。

接下来，我们一起看下如何运用"三板斧"记忆美国的著名城市，以及它们的特色称谓。

美国三大工业区及主要城市

三大工业区	主要城市及特色称谓
东北部工业区	华盛顿（首都）、纽约（最大城市）、芝加哥（交通中心）、底特律（"汽车城"）
南部工业区	休斯敦（"航天城"）
西部工业区	洛杉矶（第二大城，太平洋沿岸最大港口）、旧金山（"西部金融中心"）

我们从美国东北部工业区开始记起。

华盛顿，称谓：首都。

众所周知，华盛顿是美国的首都。同时，华盛顿也是美国首任总统的名字，当时为了纪念他，就以他的名字作为美国首都的名字。所以，这一条知识点特别好记。

纽约，称谓：最大城市。

美国最大的城市是纽约。若担心忘记，我们可以使用替换的方法，从"纽约"中提取一个"约"字来替换它，可以联想成**在美国最大的城市约会**，也可以联想成**我们相约在美国最大的城市**，这样我们就能够记住纽约对应的是"美国最大的城市"。

芝加哥，称谓：交通中心。

芝加哥对应的是"交通中心"。芝加哥也是我们经常听到的一个外国地名，所以我们可以用替换的方式记忆。我们从"芝加哥"中取一个"芝"字，从"交通中心"中取"交通"两个字，我们可以联想成**道路交通像网一样织（芝）在一起**。这样，我们就把"交通中心"跟"芝加哥"进行了对应。

我们还可以把提取出来的"芝"用谐音处理成"指挥"的"指"，这样我们就可以把它们联想成**"指挥交通"**，同样能够记住芝加哥对应的是"交通中心"。

底特律，称谓："汽车城"。

将"底特律"与"汽车城"进行对应记忆特别简单，我们可以从"底特律"中提取个"底"字，要知道每辆汽车都有底盘，这样我们就把"底特律"跟"汽车城"建立起了关联。我们还可以换种思路记忆，由"特律"两个字我们能够想到"特别绿"，所以我们可以进行联想，想到**汽车的底盘特别绿**，这样我们也能够记住底特律对应的是"汽车城"。

记完了美国东北部工业区的著名城市，我们再看南部工业区的著名城市，这里只有一个休斯敦，它是美国的"航天城"，我们怎么运用"三板斧"来记忆呢？

休斯敦，称谓："航天城"。

"休斯敦"对应的是"航天城"。关注篮球的人都知道美国有一个叫"休斯敦火箭队"的篮球队，这样就可以将"休斯敦"与"航天城"关联起来。如果不关注篮球，我们还可以怎样记忆呢？我们可以从"休斯敦"中提取"休斯"两个字，然后把它谐音处理一下。我们在前文中多次提到，遇到外国地名时，谐音的使用频率非常高，因为那是我们不熟悉的一类名词，需要通过谐音把它们转化成我们熟悉的或是容易理解的文字。所以，这里我们将"休斯"谐音处理成"消失"，我们可以想到**航天城发射的无论是卫星还是火箭，最终都消失在了天空中**，这样我们就记住了休斯敦对应的是"航天城"。

接下来，我们再看美国西部工业区有哪些著名的城市，它们对应的特色称谓又是什么。

洛杉矶，称谓：太平洋沿岸最大的港口。

"洛杉矶"对应的是"太平洋沿岸最大的港口"。这个我们可以怎么去记呢？我们从"洛杉矶"中提取"洛杉"两个字。听到"洛杉"，我们很容易想到"太阳落山"，与"太平洋沿岸最大的港口"相关联后，我们可以想到：**在太平洋沿岸最大的港口欣赏太阳落山**。这样一来，我们就能够记住洛杉矶对应的是"太平洋沿岸最大的港口"。

旧金山，称谓：西部金融中心。

旧金山是我们比较熟悉的一座美国城市，学习英语时经常遇到。很多同学还有疑问，为什么它的中文名称是"旧金山"，而不是像其他的美国城市那样音译，叫圣弗朗西斯科（San Francisco）？这说起来跟我们中国人还有很大关系。19世纪San Francisco是美国"淘金热"的中心地区，早期华人劳工移居美国后多居住于此，并把这里称为"金山"。后来人们在澳大利亚的墨尔本又发现了新的金矿，为了与被称为"新金山"的墨尔本相区别，就将San Francisco称为"旧金山"。19世纪时，这里就已经是"淘金热"的中心地区了，所以这里的金融一定很发达。借助这段历史，我们就可以记住旧金山是美国西部的金融中心。

我们也可以用替换的方式记忆，从"旧金山"中取个"金"字，可以想到"金子"；从"西部金融中心"中取"金融"两字。将它们结合起来，我们可以想到**用金子进行金融交易**，这样我们就把"旧金山"和"西部金融中心"关联在一起了。

通过上述对美国三大工业区主要城市及特色称谓进行记忆，我们发现，虽然有些地名我们不是特别熟悉，但在"三板斧"的帮助下，我们记忆这些短小精悍的知识点又便捷、效果又好，且不容易发生混淆，即使拎出来其中一点，我们也可以根据口诀或思路想到另一点，可谓形成了牢固记忆。接下来，我们再回过头看一些"中国之最"的知识点。中国地大物博，也不是每个地名我们都熟悉，在面对中国的那些我们不熟悉的地方时，我们怎样借助"三板斧"去记忆？

中国之最

Q 我国降水最多的地方是?
A 台湾岛东北部的火烧寮。

我们可以使用替换的方式对"火烧寮"进行处理,提取"火烧"两个字来替换"火烧寮"。那"火烧"又如何跟"降水最多"相联系呢?我们可以使用望文生义去联想一下:**火烧起来了,需要降水**。这样我们就能够记住火烧寮是我国降水最多的地方。

有降水最多的地方,就有降水最少的地方,那我国降水最少的地方又是哪里呢?

Q 我国降水最少的地方是?
A 吐鲁番盆地的托克逊。

"托克逊"这个名字我们不太熟悉,所以不能用替换的方法进行处理,要尽量把它整体处理。使用望文生义的方法,可以将"托克逊"联想成"**委托客人寻水**",因为这个地方的水太少了。这样我们可以记住我国降水最少的地方是托克逊。

这是两个关于降水的"中国之最",接下来我们再看两个关于海拔的"中国之最",看"三板斧"如何帮助我们记忆数字。

Q 我国陆地海拔最低的地方是?
A 吐鲁番盆地艾丁湖洼地,低于海平面 154.31 米。

因为"艾丁湖洼地"这个名字我们不太熟悉，且望文生义也看不出什么，所以在记忆方法的选择上，我们选择使用谐音的方法。看到"艾丁"，我们能够想到"挨叮"，想到"在海拔最低的地方挨叮了"。

怎么记忆它的海拔呢？艾丁湖洼地低于海平面154.31米。根据前文的思路，我们这里采用谐音的方法对数字进行处理，第一个"1"保留不变，我们可以将"54"两个数字谐音处理成"巫师"，将"31"谐音处理成"生意"。结合起来，我们可以联想成：**一巫师在洼地做生意时，挨叮了。**这样我们就把"艾丁湖"与它"低于海平面154.31米"的海拔记住了。所以，使用对了方法，即使是数字，我们记忆起来也是没什么难度的。

使用"三板斧"记忆轻松快捷，这一效果还体现在记忆我国省份的简称上。这里我们从我国的34个省级行政区域中选取了部分记忆起来稍微有点难度的，带领大家一起实战记忆它们的简称，看"三板斧"是如何帮助我们实现轻松、快速记忆的。

部分省级行政区域的简称

海南：琼

海南的简称是琼。海南省境内有一座名山叫琼山，我们可以借助琼山来记忆海南省的简称。

我们也可以使用"三板斧"来进行记忆。由"琼"我们能够想到"苍穹"，海南的天空特别蓝，我们就可以说"**海南的苍穹很**

美"。借助这句话,我们就能够记住海南的简称是琼。

> **小贴士**
>
> **如何记忆类似省份简称这样的知识点?**
>
> 1. 无论是看省份的名字,还是看它的简称,如果能够想到一个相关的事物,就把该事物与省份的名称或简称联系在一起。
> 2. 如果我们了解省份的一些相关历史知识,比如省名的由来,就可以借助典故来将省份和简称进行关联。
> 3. 如果想不到相关事物,也没有历史典故可以借助,我们往往需要使用谐音的方法进行处理记忆。

河北:冀

河北为什么简称冀?历史上,古九州、东汉十三州都将河北称为冀,所以如果我们能了解这一背景,就能记住河北的简称是冀。

如果我们单纯地想通过记忆方法去记住河北的简称,可以使用谐音的方法来处理。我们可以将"冀"谐音处理成"纪",结合"河北",可以谐音处理成"河被纪念",这样我们也能记住河北的简称是冀。

河南:豫

河南的简称是豫。其实从"豫"这个字我们就能够看出,古时河南应该是有大象的，所以它才能够被称为"豫"。当然，河南在古时候属于豫州。

如果使用记忆方法，我们可以怎么记呢？我们同样使用谐音的方法来处理，我们可以将"河南"处理成"河边男子"，由"豫"我们想到"犹豫"，把它们连接起来可以得到"河边男子在犹豫"，这样我们就记住了河南的简称是豫。

安徽：皖

安徽的简称是皖。安徽境内有一座山叫皖山，所以我们可以把"安徽"和"皖"关联在一起。

如果用这种方法记不住，还可以怎么记？我们还是通过谐音来处理，将"安徽"处理成"俺回"，将"皖"处理成"早晚"的"晚"。所以，"俺回（安徽）""晚（皖）"连接起来，我们可以想到"俺回晚了"。借助这句口诀，我们就能够记住安徽和它的简称皖。

下面这个表格是我总结的简称与行政区域名称差别大的省份的记忆思路，大家可以按照前文的方法进行记忆，这里我们就不一一展开了。需要注意的是，有五个行政区域有两个简称，大家在使用记忆方法时可以重点关注一下。

我国行政区域简称（部分）

省份	简称	辅助记忆
湖南	湘	湘江是湖南人的母亲河。
广东	粤	广东人说粤语。
广西	桂	秦时，广西大部分属于"桂林郡"。
河北	冀	历史上古九州、东汉十三州都将河北省称为冀。河被纪念。

续表

省份	简称	辅助记忆
河南	豫	河南在古代属于豫州,所以简称豫。河边男子在犹豫。
山东	鲁	春秋时山东是鲁国领土,所以简称鲁。山东鲁花。
山西	晋	春秋时山西是晋国领土,所以简称晋。山里吸金。
福建	闽	明朝设福建省,是闽族人居住的地区,所以简称闽。福民。
安徽	皖	安徽境内有皖山,因而简称皖。俺回晚了。
江西	赣	江西有条赣江,江西赣南脐橙。
海南	琼	琼山是海南省境内的一座名山。海南的苍穹很美。
云南	云(滇)	云南曾是古代滇国的领土,故简称滇。云南滇池。
陕西	陕(秦)	陕西有秦始皇兵马俑,可以联想到秦。
四川	川(蜀)	四川盛产蜀绣。三国时期刘备在四川地区建立蜀国。
贵州	贵(黔)	贵州在古代属于黔中郡,所以简称黔。贵重的钱。
甘肃	甘(陇)	甘肃省省名由甘州与肃州的首字合成甘肃。干树聚拢。

所以,通过本节内容的实战练习,我们能够看出,只要涉及中文知识点的记忆,"三板斧"都是可以用得上的。我们平时可以多多练习使用这个方法,当我们能够熟练掌握后,记一些比较难记的知识内容时,就可以快速将不熟悉的内容转换成我们熟悉的、好记的内容。如果想不到能与之相关联的事物,我们就通过谐音去处理,把它转换成我们好理解的内容,再去建立联系,提高我们的记忆效率。

02 连锁故事法之地理

在前面篇章里,我们介绍过,当有多条知识点需要记忆时,可采用连锁故事法。连锁故事法就是把几个独立的知识点穿在一起,变成一句有意义的话,或者是变成一个故事。我们已在多个学科中成功应用这个方法,接下来我们就通过一些具体的知识点案例,看对于国内和国外的地理知识点,如何运用连锁故事法进行记忆。

三江源

三江源地区位于青海省南部,是长江、黄河和澜沧江的发源地,被誉为"中华水塔"。

在这个地理知识点中,我们要记住三江分别是哪三江。我们首先进行内容分析。长江、黄河我们都很熟悉,只是澜沧江相对陌生一点。针对熟悉的长江、黄河,我们不用刻意去记,因为它们经常一起出现，提到长江就能想到黄河，所以记忆的重点是澜沧江。澜沧江是湄公河的上游，出了中国国境后的河段称湄公河，是东南亚地区一条非常重要的河流。我们对"澜沧江"提取关键字，可取一个"澜"字，用这个"澜"字跟长江、黄河进行联系，直接联系相对有些困难，我们可考虑对"澜"进行谐音处理，比如处理成"滥"。因为这一知识点是关于三条江的，所以我们的联想可以跟水相关，比如：

> **长江、黄河 水泛 滥。**
> 长江　　黄河　　　澜沧江

这么一来，我们就把三江源对应的三江记下来了。我们用一道题来检验一下记忆成果。

三江源地区被誉为"中华水塔"，"三江"是指长江和（　　）。
A. 黄河、澜沧江　　　　B. 珠江、澜沧江
C. 珠江、雅鲁藏布江　　D. 黄河、雅鲁藏布江

根据记忆口诀"长江、黄河水泛滥"，我们可以快速选出正确答案：A。

在这个知识点的记忆过程中，我们是用连锁故事法把知识点穿成了一句口诀。我们再看西北灌溉农业区的知识点可以怎么记忆。

西北地区的灌溉农业区

我国西北地区的灌溉农业区有河套平原、宁夏平原、河西走

廊、新疆高山山麓的绿洲。

这个知识点也与水有关。水从哪里来？西部。要记住西北地区的灌溉农业区有哪些，我们首先需要提取关键字，再将关键字进行串联。

我们从"河套平原"中提取"河套"，从"宁夏平原"中提取"宁夏"，从"河西走廊"中提取"河西"，从"新疆高山山麓的绿洲"中提取"新疆"。提取完了关键词，接下来要合并关键词，比如"河套"跟"河西"都有一个"河"字，我们用谐音法把"河套"想成"河道"，再联系"河西"，可以想到：**河道里面的水向西流**。这么一来，"河道"就跟"河西"关联在了一起。

再看"宁夏"跟"新疆"。单把"新疆"加到已有句子中，我们可以想到：**新疆河道的水向西流**。剩余一个"宁夏"，我们再把它处理一下，取一个"宁"字出来，"宁"可以组词"宁愿"，于是我们就可以把这些处理过的字词串成：

新疆河道的水宁愿向西流。

一般的河流都是向东流的，但是在新疆，有一条伊犁河，它却是一条向西流的河，这样特别的实例更容易帮助我们记忆。当然，我们还要特别注意这里的"新疆"所代表的是"新疆高山山麓的绿洲"，只需把这点记住，再通过一句"新疆的河道宁愿向西流"，我们便记住了西北地区的灌溉农业区有河套平原、宁夏平原、河西走廊、新疆高山山麓的绿洲。

记完我国西北地区的农业灌溉区，我们再来记忆我国的高原和盆地有哪些。学习地理，肯定要学习中国的地形分布，比如四大高原、四大盆地，这类固定的知识点非常适合用连锁故事法记忆。

四大高原

中国的四大高原分别是青藏高原、内蒙古高原、黄土高原、云贵高原。

利用连锁记忆法,我们先取关键词,得到"青藏""内蒙古""黄土""云贵"。如果直接组合,貌似文字量有点多,所以还可以把它们进一步精简。我们可以把"青藏"和"云贵"合并成"青云",这样就可以把它们连接成"内蒙古有青云和黄土",从而记住我国的四大高原有哪些。

四大盆地

四大盆地分别是塔里木盆地、准噶尔盆地、柴达木盆地以及四川盆地。

单拎出每一个盆地,我们都有印象,但是放在一起使用时,我们就容易遗漏。为了不出现这种问题,我们可以使用连锁故事法把它们"穿一串",做到提起其中一个,就可以把其余的都"带出来"。

第一步还是提取关键字词。"塔里木盆地"抽取"塔"字,"准噶尔盆地"抽取"准"字,"柴达木盆地"抽取"柴"字,"四川盆地"抽取"川"字。接下来,我们把它们组合起来。"柴"跟"川"组合在一起,使用谐音处理一下,变形成"才穿"或者"拆穿";由"塔"很容易想到"他",组成"他拆穿";再加上"准"字,就变成"准他拆穿"。这样一来,我们用一句口诀便记住了四大盆地——准他拆穿盆地的秘密。

宝岛台湾

台湾自古以来就是中国的领土,每当我们提起它的时候,都称呼它为"宝岛台湾"。之所以称它为"宝岛",除了因为它地理位置优越,还因为它有丰沛的物产。台湾还有非常多的美称,我们如何记忆台湾众多的美称呢?

Q 台湾岛有哪些美称?

A 海上米仓(水稻产量高)、水果之乡(生产热带和亚热带水果)、兰花之乡(盛产兰花)、东方甜岛(盛产甘蔗)、东南盐库(海盐产量高)、亚洲天然植物园、植物王国、森林之海。

记忆这种类型的知识点,毫无疑问适合用连锁故事法,因为包含的要点不仅多,且每一个都是相对独立的,要一个不漏地全记住,我们要做的事情就是把代表它们的关键字联系在一起,变成一句有意义的口诀,对照着这句口诀来实现记忆。

我们首先抽取关键字词:从"海上米仓"中可以抽取"米"字;从"水果之乡"中抽取"果"字;从"兰花之乡"中抽取"兰"字;从"东方甜岛"中抽取"甜"字;从"东南盐库"中抽取"盐"字;从"亚洲天然植物园"中抽取"植物";从"森林之海"中抽取"森林"。

接下来我们进行组合,把容易组合的字词优先组合在一起。"甜"跟"果"组合在一起,我们能够想到"甜果"——很甜的水果;"米"跟"兰"组合在一起,我们能够想到"米兰";"森林"跟"植物"放在一起,我们立马能够想到"森林里的植物";"盐"可以被处理成"沿海"。于是我们便有了这句话:

台湾沿海森林的植物、甜果被运去了米兰。

借助这句口诀,我们就记住了台湾岛的诸多美称。

我们了解台湾，不能只肤浅地了解它的美称，还应该知道台湾经济的特点。

台湾外向型经济发展的有利条件：
1. 大量受过教育和培训的劳动力。
2. 海岛多港口。
3. 吸收海外的资本。
4. 大力建设出口加工区。

我们怎么用连锁故事法记住这四条呢？"大量受过教育和培训的劳动力"的核心是**有优质的劳动力**；"海岛多港口"，**方便对外合作**；"吸收海外的资本"，相当于台湾**有人又有钱**；有港口就代表着有地理条件优势，**适合做出口的生意**，所以台湾会大力建设出口加工区。我们可以总结成：

台湾有人、有钱、有港口，特别适合做出口的生意，因此适合发展外向型的经济。

人——大量受过教育和培训的劳动力。

钱——吸收海外的资本。

港口——海岛多港口，大力建设出口加工区。

所以，用连锁故事法把各要点总结成一句话，我们就记住了台湾经济的特点，运用的时候，只要根据口诀调取相关信息即可。

前面我们讲的都是国内的地理知识点，接下来我们从中东的三洲五海讲起，看看如何利用连锁记忆法记忆国外的地理知识点。

中东的三州五海

三洲：亚洲、非洲、欧洲。

五海：阿拉伯海、红海、地中海、黑海、里海。

记忆三洲，我们利用之前所学的内容，能快速提取出"亚""非""欧"，"亚非欧"这三个字合在一起念特别顺口，可以用来帮助我们记忆中东的"三洲"。

我们根据地理位置按照顺时针方向记忆五海，分别提取出"阿""红""地""黑""里"。将"阿"跟"红"组合在一起，我们可以联想成一个女子叫"阿红"。"地"可以谐音处理成"弟"，结合"黑"，可以连接成"阿红的弟弟长得很黑"。剩下的"里"，我们用谐音处理成拟声词"哩"，这样我们就把前面的那句话丰富成：

> **住在中东的 阿 红 她 弟 很 黑 哩。**
> 阿拉伯海 红海 地中海　黑海 里海

借助这句话，我们就能记住中东的五海是哪五海。

因地域的差异，各国语言各成体系，每个国家都有自己的官方语言，那作为当今世界最大的国际组织，联合国拥有 195 个成员国。当然，不是有多少个国家就有多少种语言，那么联合国的工作语言有哪几种呢？

联合国的工作语言

联合国有六大工作语言，分别是汉语、英语、法语、俄语、西班牙语以及阿拉伯语。

也就是说，我们要在联合国工作，只要会说其中一种语言就可以了，怎么用连锁记忆法记住这六种语言呢？

第一步还是提取关键字，从"汉语""英语""法语""俄语""西班牙语"和"阿拉伯语"中，我们能快速提取出"汉""英""法""俄""班""拉"。我们前文提到，运用连锁故事法时最好设定一个主人公，而"英""法""俄"这三个关键字连在一起念比较顺口，我们可以把它想成"英法俄人"。由"西班牙"的"班"，我们可以想到"班级"，"拉"就是拉这个动作，"汉"可以组词"汉语"，把这些串联在一起，我们便可以得到：

> **英 法 俄** 人在 **班** 上 **拉** 着大家学 **汉** 语。
> 英语 法语 俄语　西班牙语 阿拉伯语　　汉语

遇到有习题考查联合国的工作语言有哪几种时，我们就可以通过回忆这句口诀，把英语、法语、俄语、西班牙语、阿拉伯语以及汉语，一个不漏地回答出来。

通过对上述地理知识点的记忆，我们发现，在使用连锁故事法时，首先要把每一条记忆内容中的关键性字词抽取出来，然后把容易组合的优先组合在一起，最终得到一句话或者一个故事，就像我们要组一条长链，可以先两个环两个环地连，最后再合在一起一样。我们最终得到的这句话或故事就是我们的记忆口诀，使用时只要用口诀比对题干给出的信息，即可得出正确的解答。

03 地理之地图记忆

地理的学习离不开对地图的记忆,如何记住地图上的一些重要的信息呢?其实我们还是可以用"三板斧"和连锁故事法。掌握这些实用的方法后,你会发现无论是记忆哪个学科的知识点,都能做到以不变应万变。

中国的山脉

中国东西走向的山脉分别有北列、中列、南列,北列包括天山山脉和阴山山脉,中列包括昆仑山脉和秦岭,南列包括南岭。东北—西南走向的有西列、中列、东列,西列包括大兴安岭、太行山脉、巫山、雪峰山,中列包括长白山脉、武夷山脉,东列包括台湾山脉。西北—东南走向的有阿尔泰山脉和祁连山脉。南北走向的包括横断山脉。弧形山脉包括喜马拉雅山脉。

如果我们单纯地去看这些文字,当然会觉得特别难记。但是,如果利用连锁故事法,我们就可以将这些零散的山脉分布记住。

东西走向山脉

北列:天山山脉、阴山山脉
中列:昆仑山脉、秦岭
南列:南岭

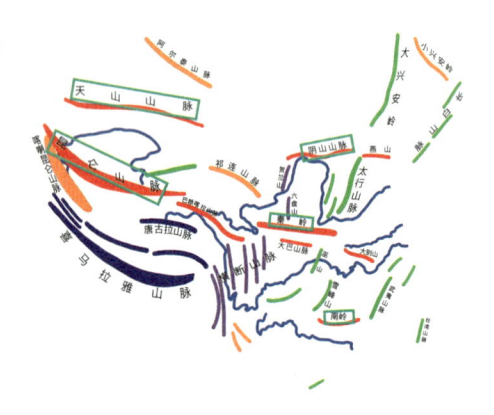

第一步,在地图中找到对应的山脉,结合地图来记忆。

第二步,我们抽取关键字,从"天山山脉"中抽个"天"字,从"阴山山脉"中抽个"阴"字,这两个字让我们自然想到"天阴"这个词。我们从"昆仑山脉"中取"昆仑",从"秦岭"中取个"秦"字并谐音处理成"晴"。于是我们发现,"天阴了"和"晴天"似乎能产生一点联系了。还有"南岭",我们先取个"南"字,同样谐音处理成"难",串联在一起可以想到——"昆仑山上面的晴天是很难见到的"。天已经阴了,可能要变天了,昆仑山上的晴天很难见到,快收拾东西吧!脑海里不断构建这句话的画面,直到拥有深刻的记忆。这样一来,记住这句话,东西线上的昆仑山脉、天山山脉、阴山山脉、秦岭、南岭就都对应上了。

记忆总结：天阴了，昆仑山上的晴天很难见到，快收拾东西。

东北—西南走向山脉

我们再来看看东北—西南走向的山脉该如何记忆。

西列：大兴安岭、太行山脉、
　　　巫山、雪峰山
中列：长白山脉、武夷山脉
东列：台湾山脉

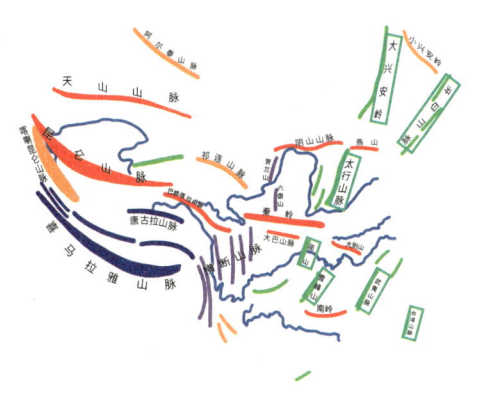

我们可以从"大兴安岭"中取个"大"字，从"太行山脉"中取个"太"字，从"巫山"中取个"巫"字，从"雪峰山"中取个"雪"字，变成"大""太""巫""雪"。"大太巫雪"没有任何意义，那就稍微变通一下，比如把"巫"跟"雪"组合在一起，组成"雪巫"——"雪屋"，我们可以想到：一个雪做的屋子或者被雪覆盖的屋子。"雪屋"和"太""大"，组合在一起就变成了"雪屋太大"，我们的脑海中自然能构建出一个很大的雪屋的画面。

我们再从"长白山脉"跟"武夷山脉"中提取关键字，但关键字并不是必须提取第一个字，比如"长白山脉"，我们提取"白"就比提取"长"更合适，"武夷山脉"也是提取"夷"比提取"武"更好，因为"长"跟"武"组合起来没有意义，但是"白"和"夷"组合后可以通过谐音处理成"白蚁"。

对于"台湾山脉",我们就直接取"湾"就行了。

以上都是东北—西南走向的山脉,把这些关键字都穿起来,我们可以想到——东北的雪屋太大,白蚁要绕弯才能够到西南。

记住这句话,回忆着围绕这句话构建的画面,我们就把东北—西南走向的山脉给记完了。

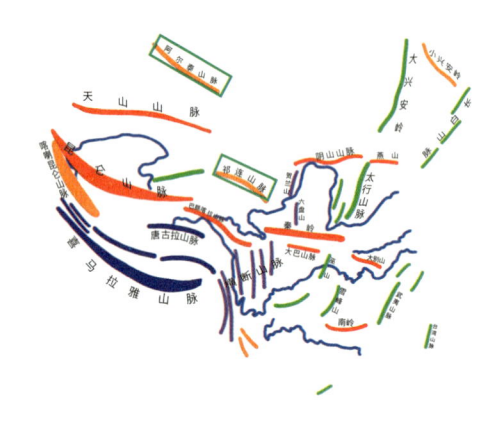

西北—东南走向山脉

接下来,我们看西北—东南走向的山脉该如何记忆。

我们直接取"阿尔泰山脉"的"阿尔"两个字,可以把"阿尔"看成一个人名。我们再取"祁连山脉"的"祁连"二字,谐音处理后加一个字,组成"抬起脸","阿尔抬起脸",画面感就出来了。抬起脸望向了哪儿?望向了东南。说起东南,我们还能想到一句"孔雀东南飞"。我们可以想象这个画面:阿尔这个人,抬起脸看到了东南方向的孔雀。总结成一句话就是:

阿尔抬起脸望东南的孔雀。

记忆这句话,我们就应对着把西北—东南走向的阿尔泰山脉、祁连山脉记住了,而阿尔泰山脉是我国最西北的山脉。

南北走向山脉、弧形山脉

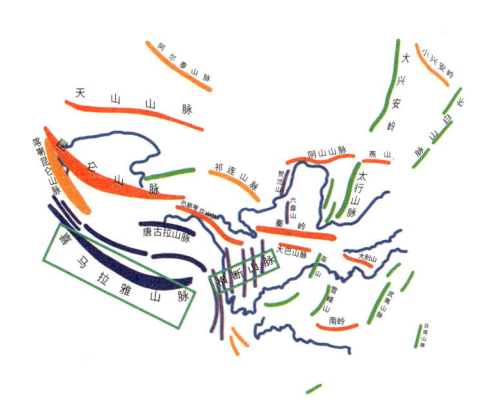

南北走向的山脉记起来相对简单,就是横断山脉。

我们在地图上直接就能进行画面定位,而且除了能看到横断山脉,我们还看到有一个弧形的山脉——喜马拉雅山脉。

总结

东西走向的山脉:天阴了,昆仑山上的晴天很难见到,快收拾东西。("东西"对应东西走向,"天"对应天山山脉,"阴"对应阴山山脉,"昆仑"对应昆仑山脉,"晴"对应秦岭,"难"对应南岭。东西走向的山脉包括天山山脉、阴山山脉、昆仑山脉、秦岭、南岭。)

东北—西南走向:东北的雪屋太大,白蚁要绕弯才能够到西南。("东北到西南"指山脉走向,"雪"对应雪峰山,"屋"对应巫山,"太"对应太行山脉,"大"对应大兴安岭,"白"对应长白

山脉,"蚁"对应武夷山脉,"弯"对应台湾。东北—西南走向的山脉包括雪峰山、巫山、太行山脉、大兴安岭、长白山脉、武夷山脉、台湾山脉。)

西北—东南走向: 阿尔抬起脸望东南的孔雀。("阿"对应阿尔泰山脉,"起脸"对应祁连山脉,东南指东南走向。西北—东南走向的山脉包括阿尔泰山脉和祁连山脉。)

南北走向: 横断山脉。

弧形山脉: 喜马拉雅山脉。

地图里这些不同颜色的线就表示不同走向的山脉。我们通过提取知识点的关键字组成有画面感的语句来记忆或是直接在地图上标记,便把中国的山脉情况概括了。

三级阶梯的分界线

我国是国土面积排名第三的大国,地形复杂多样,既有山地、高原,也有平原、盆地和丘陵。虽然我国地形复杂,各种地形彼此交织,但是从整体上看,西高东低的地势特点是非常明显的。我国自西向东按地势高低可以分为三个阶梯。

第一条阶梯分界线:昆仑山脉、祁连山脉、横断山脉。

我们来看一下这幅地图,以昆仑山脉、祁连山脉和横断山脉为分界线,划出了地形以高原与山地为主的第一级阶梯,平均海拔在4000米以上,主要包含了青藏高原。我们用连锁故事法可以把这条阶梯分界线记成——**昆仑山企图连上横断了的山脉。**

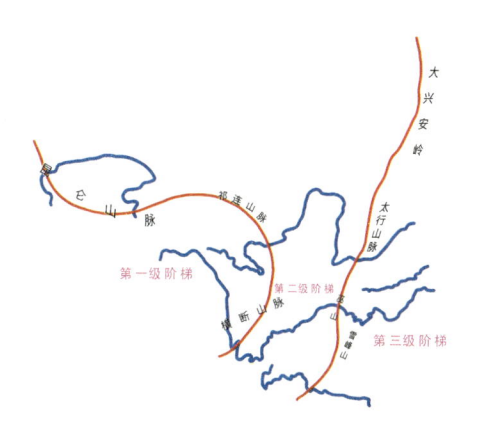

第二条阶梯分界线：大兴安岭、太行山脉、巫山、雪峰山。

第二级阶梯比第一级阶梯低，进入了高原和盆地地区，云南、贵州、四川——云贵川就属于这一阶梯。第二级阶梯的海拔大概是1000到2000米。第二条阶梯分界线是大兴安岭、太行山脉、巫山山脉和雪峰山。由于这一条阶梯分界线的山脉都是东北—西南走向的，我们前面通过"雪屋太大"，记住了这一片山脉。

在这一条分界线东边的是第三级阶梯，地形以平原、丘陵为主，像湖南、湖北、江浙等都属于这一阶梯。相对来说，第三级阶梯地势比较平，海拔比较低。

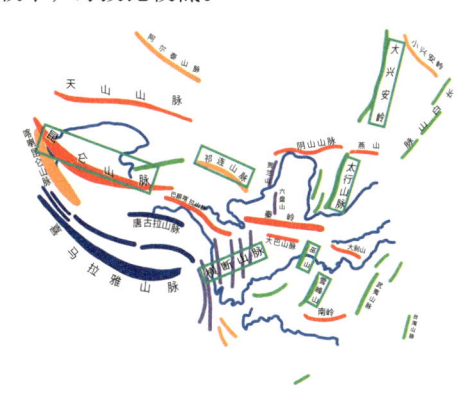

中国地势三级阶梯分界线		
阶梯名称	海拔	主要地形类型
第一级阶梯	平均 4000 米以上	高原、山地
阶梯界线	昆仑山脉—祁连山脉—横断山脉	
第二级阶梯	1000—2000 米	高原、盆地
阶梯界线	大兴安岭—太行山脉—巫山—雪峰山	
第三级阶梯	多在 500 米以下	平原、丘陵

第一条阶梯分界线记忆口诀：昆仑山企图连上横断了的山脉。
第二条阶梯分界线记忆口诀：雪屋太大。

让我们用一道考题检验一下关于中国山脉相关知识点的记忆成果。

我国地势第二、三级阶梯的分界线是（ ）。
A. 昆仑山脉—祁连山脉—横断山脉
B. 大兴安岭—太行山脉—巫山—雪峰山
C. 长白山脉—武夷山脉
D. 大兴安岭—阴山—贺兰山—祁连山脉

根据记忆，我们可以得出正确答案是 B。

世界地理知识点

现今世界是一个注重沟通、合作与创新的世界，各国之间的交往十分密切，我们除了了解自己国家的风土人情、地形地貌，还需要了解世界地理，世界地理也是人们科学地认识世界的一个重要方面。接下来，我们通过回顾波斯湾石油外运航线的知识，巩固一下连锁故事法的使用。

波斯湾石油外运航线

众所周知，中东盛产石油，是一个富有的地方。中东的石油被输往了世界各地，我们具体来看一下波斯湾的石油主要是由哪几条航线运出去的。

波斯湾石油外运航线	
三大航线	主要城市及特色称谓
航线A（向西）	霍尔木兹海峡—阿拉伯海—红海—苏伊士运河—地中海—直布罗陀海峡—大西洋（西欧、美国）
航线B（向西）	霍尔木兹海峡—阿拉伯海—印度洋—好望角—大西洋（西欧、美国）
航线C（向东）	霍尔木兹海峡—阿拉伯海—印度洋—马六甲海峡—太平洋（日本）

首先，我们来看一下三条航线：航线A、航线B以及航线C。

如果要运到北美洲，最短的航线是A，这一条航线相当于抄了个近道。如果航线A被堵住了，过不去，就只能走航线B绕个远路。往东亚运的航线C，经过了阿拉伯海、印度洋、马六甲海峡以及太平洋，最后到达东亚的日本。

接下来，我们分别记一下这三条航线所经过的地方。

航线 A

航线 A 经过霍尔木兹海峡，到阿拉伯海，然后经过红海、苏伊士运河，到地中海，再经过直布罗陀海峡到大西洋。

我们在记忆这个知识点时，首先要考虑三条线都有霍尔木兹海峡以及阿拉伯海，那么这两个地方我们就不用特别记忆了，直接从后面不一样的地方进行记忆就好。航线 A 除了相同的这两个地方，还剩下红海、苏伊士运河、地中海、直布罗陀海峡。用我们常用的关键字提取法，从"红海"中取个"红"字，从"苏伊士运河"中取个"苏"字，从"地中海"中取个"地"字，从"直布罗陀海峡"中取"直布"两个字。把它们变成"红""苏""地""直布"后，我们可以想到"红薯地织布"。我们可以把"红""苏"处理成"红薯"。想象一下，穿越红薯地，然后去织布。形成记忆口诀就是：**穿越一片红薯地去织布。**记住这句话，我们就能够记住航线 A 是红海、苏伊士运河、地中海以及直布罗陀海峡。

航线 B

航线 B 比较好记，先经过霍尔木兹海峡、阿拉伯海、印度洋，然后绕过好望角到大西洋。记忆这条航线时不需要使用特殊记忆方法，看着地图就能够把它给记下来。

航线 C

往东亚运的航线 C，经过阿拉伯海、印度洋后，还需要经过一个重要的海峡——马六甲海峡，经过马六甲海峡以后就到了太平洋，最后到达东亚的日本。我们从"马六甲海峡"中取个"马"字，想象骑着马一直往东到日本，这样我们就能够记住航线 C 了。

接下来，我们通过一道题来检验我们的记忆成果。

回忆前文学习的关于波斯湾石油外运航线的知识，完成下列各题：

（1）航线 A 经过红海、（　　）运河、地中海、直布罗陀海峡，输往西欧各国。

（2）航线 B 经过印度洋、（　　）、大西洋，输往欧洲西部和（　　）。

（3）航线 C 经过（　　）海峡，主要输往（　　）。

这道考题考查的是我们对三条波斯湾石油运输航线的记忆，看我们是否记清了航线 A、航线 B、航线 C 所经过的地方以及到达的目的地。我们记得航线 A 是最短的一条航线，记忆口诀是"穿越红薯地去织布"，所以经过的是红海、苏伊士运河、地中海、直布罗陀海峡，输往西欧各国。航线 B 经过了印度洋，绕过好望角，输往欧洲西部以及美国。航线 C 要经过一个重要的海峡——马六甲海峡，输往东亚的日本。

所以，括号中应依次填入：苏伊士、好望角、美国、马六甲、日本。借助用连锁故事法总结的记忆口诀，再结合地图上的信息，我们只需要依次写出答案即可。

通过对上述案例的讲解，我们可以总结出，遇到需要记忆的地图知识，整体的思路是在地图上按照一定的方位顺序来进行记忆，对于同一条线上的地名可以使用连锁故事法。按照这个思路，无论是中国地图还是世界地图，我们都可以记住。

后记

如何科学地复习？

"记忆"其实要拆成两个维度去看,即表示记忆的"记",和表示回忆的"忆"。因为光记,不回忆、不复习,势必会导致大量的遗忘,所以我们要把"记"和"忆"拆开来看。

在本书的正文部分,我们主要讲解的是"记"的内容,讲大家如何通过使用记忆方法,在第一次接触知识内容的时候就印象深刻、记得特别牢固。但根据艾宾浩斯遗忘(记忆)曲线,如果只记一遍,后面不再复习,我们记过的80%的内容都会遗忘。但如果在第一次记的时候,记忆方法使用得好,是有可能只记一遍就把它转换成长期记忆的。不过这有个前提,就是记忆方法要使用得好,不然随着时间的推移,记住的内容还是会遗忘的。

遗忘是正常的,所以我们也没什么好担心的。既然遗忘是有规律的,我们只需要找到遗忘的规律,在最容易遗忘的时间节点进行复习,就能把短时记忆变成长时记忆。所以,在本书教了大家很多的方法解决"记"这个环节的问题之后,这里我们要重点谈谈怎么解决"忆"这个环节的问题。

```
   记        忆
   ↓         ↓
  记忆方法   遗忘规律
```

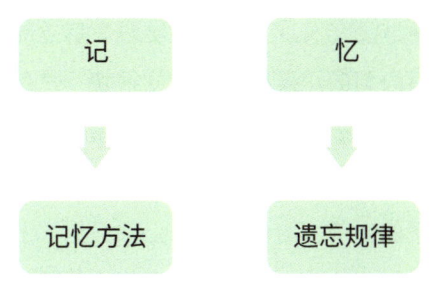

说到遗忘，我们不得不提到德国的心理学家艾宾浩斯，因为他总结出了一条能够表现人类记忆和遗忘规律的"艾宾浩斯遗忘（记忆）曲线"。现在大家在市面上看到很多学习机说自己有所谓的抗遗忘的功能，能够智能地帮助大家制定和推送复习的时间节点之类的，其实，它们都是根据艾宾浩斯遗忘（记忆）曲线去设计的。

那这条艾宾浩斯遗忘（记忆）曲线到底讲的是什么？它又是怎么被艾宾浩斯发现的呢？

艾宾浩斯遗忘（记忆）曲线
（记忆的黄金时间节点）

当年，艾宾浩斯为了探寻记忆的规律，尝试去记一些无意义的多音节短语，记完后刻意不复习，接下来分别在20分钟、1个小时、8—9个小时、1天、2天、6天以及一个月的时间节点，去测试记忆内容的保留量是多少。经过一系列实验和节省法计算，最终艾宾浩斯根据保留的记忆量绘制出了著名的艾宾浩斯遗忘（记忆）曲线。

艾宾浩斯通过研究发现，**遗忘在学习之后立即开始，而且遗忘的进程并不是均匀的。最初遗忘速度很快，之后逐渐放缓。他认为"保持和遗忘是时间的函数"。**

艾宾浩斯的遗忘曲线实验有两个前提。第一，他的记忆素材选取的是无意义的音节。为什么要用无意义的音节呢？因为无意义的音节没有任何其他意义，当被试者找不到任何规律，也理解不了记忆素材的时候，就比较能够体现他真实的记忆水平。第二，这些被试者没有学过任何记忆方法，如果被试者学过记忆方法，测出来的遗忘曲线肯定会与一般人的不一样。所以有了这两个前提后，我们来看一下当时得出来的数据大概是什么样子的。

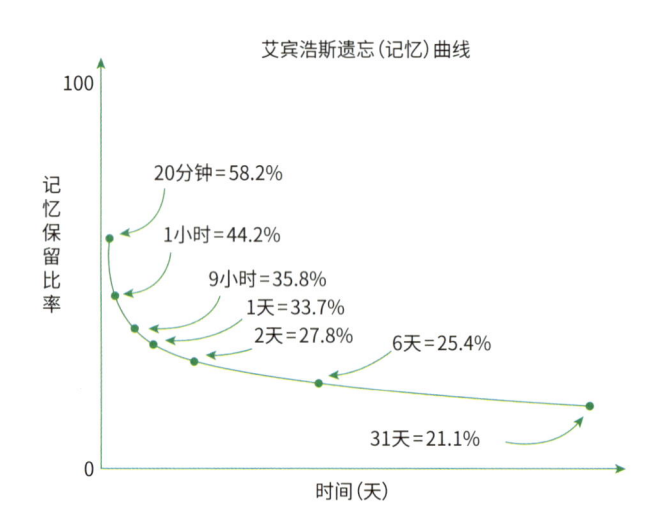

艾宾浩斯遗忘(记忆)曲线

- 20分钟＝58.2%
- 1小时＝44.2%
- 9小时＝35.8%
- 1天＝33.7%
- 2天＝27.8%
- 6天＝25.4%
- 31天＝21.1%

纵轴：记忆保留比率（0~100）　横轴：时间(天)

由这条曲线我们可以看出，经过 20 分钟后，我们记过的内容在我们的记忆里只能够保留 58.2%；1 个小时后，只能保留 44.2%；9 个小时后，剩下 35.8%；1 天后就只剩下 33.7% 了……越到后面，数据的变化越小,说明在刚记完的1个小时内,遗忘的内容是最多的,再之后,遗忘的速度就会越慢;2天之后,记忆的保留量就一直维持在20%多一点。所以,这也就意味着经过长时间间隔再复习并不是一种有效的复习方式,我们应该选择在记完之后的一天之内,或者两天之内多复习几遍,这样才能够有助于我们巩固记忆。

为了抓住复习的黄金时间,我们有必要重点记忆艾宾浩斯遗忘(记忆)曲线中的几个重要时间节点,其实这些节点主要集中在一天之内,因为两天之后的记忆量数据都维持在20%多一点,区别不大,所以只要把握住一天之内的重要时间节点,就把握住了记忆这件大事。

时间间隔	记忆量
刚刚记忆完毕	100%
20分钟之后	58.2%
1个小时之后	44.2%
8—9个小时后	35.8%
1天后	33.7%
2天后	27.8%
6天后	25.4%
一个月后	21.1%

这几个关键的时间节点,我们并不需要记忆得特别精准,只要知道个大概就可以了。我们看这几个数字,"20分钟""8—9个

小时"与"1小时""1天"特别不协调，记的时候就不太好记，我们可以找寻一下这些数字的规律。既然这里有1个小时、1天，那"20分钟"与1什么接近？既然只是大概地记忆，我们可以把它处理成1刻钟，一刻钟等于15分钟，与20分钟很接近。那"8—9个小时"怎么处理呢？我们就直接把它处理成晚上，白天经过8—9个小时，基本上就是晚上了。

经过这样一处理，这些时间节点就变成了：1刻钟要复习一下，1个小时后再复习一下，然后晚上的时候复习一下，接着第二天，也就是1天以后复习一下。这样我们通过3个"1"再加1个晚上就记住了艾宾浩斯遗忘（记忆）曲线的重要时间节点。

编码和非编码的区别

除了发现这些遗忘的时间节点和记忆保持量的变化外，艾宾浩斯还在关于记忆的实验中发现：

记住12个无意义的音节，平均需要重复16.5次。
为了记住36个无意义的章节，需要重复54次。
而记六首诗当中的480个音节，平均只需要重复8次。

这其实就是编码和非编码的区别。根据我们平时的经验来看，如果我们需要记忆的内容没有意义、找不到规律，或者说我们发现不了任何线索，那么要想记下来，需要重复的次数就会非常多。相反，如果我们要记的内容有规律可循，或者说我们能够理解找到的记忆线索，那么即便是有着480个音节的诗歌，我们平均也只需要重复8次便可记住。所以从中我们可以看出：记忆同样的内容，能够找到记忆线索和没有记忆线索，有记忆方法和没有记忆方法，需要重复的次数可谓天壤之别。

这也就解释了为什么我们之前背一些长单词，重复很多遍，都未必能够记住，主要是因为对我们来讲，那些组合在一起的字母属于无意义的音节，我们即使记住了，也是通过机械记忆，把各个字母硬凑在一起。在本书中，我们向大家讲述了多种方法，目的就是帮助大家创建这些字母组合和中文意思之间的关联，让大家一遍就能够把单词记得很牢。关联创建起来了，那么重复的次数就会少很多。

所以说：凡是理解了的知识，就能够记得迅速、全面并且牢固。不然，死记硬背也是费力不讨好。

本书的写作目的，就是教大家使用方法，加工处理那些没有意义的、没有逻辑的内容，使之变得好理解、容易记住。这个过程其实就是一个编码的过程，理解也属于编码的一部分，因为编码的核心就是把不熟悉的知识转换成熟悉的、好记的知识。使用了方法后，记忆内容后需要复习的次数也可以少很多。

给我们的启发

艾宾浩斯对记忆（遗忘）的实验研究在心理学史上具有首创式意义，他在方法上力求对实验条件进行控制并对实验结果进行了测量，激起了世界各国心理学家对记忆研究的兴趣，也促进了心理学的发展。同时，他的研究成果对于我们今天的学习生活也有帮助，我们在学习生活实战中，能够获取哪些经验和规律呢？

复习的频次先多后少

在记忆新内容后，如果我们一天内能够严格按照艾宾浩斯记忆（遗忘）曲线多次回忆、复习，那么我们后面需要复习的频次就可以减少。但现实情况往往不是那么理想化的，毕竟我们需要上学，而且一天中的大部分时间需要在学校度过。如果我们想按照20分钟、1个小时那些时间节点去复习，你会发现，20分钟后，我们这一堂课还没有结束，而1个小时后，我们可能已经在上另外一节课了。那这是否意味着我们就不能运用艾宾浩斯记忆（遗忘）曲线去指导我们复习了呢？

我们前面提到，艾宾浩斯记忆（遗忘）曲线是根据完全机械式记忆统计出来的一个结果，并没有统计我们使用方法记忆内容后曲线是如何发展的，所以它对我们来说并不是完全适用的。因为我们有时候使用方法处理知识点后，那些没有意义的材料会变成对我们的人脑来说有意义或有逻辑的材料，这样记忆效果就会突破艾宾浩斯记忆（遗忘）曲线，使得遗忘速度变缓。所以，根据这一情况，结合艾宾浩斯记忆（遗忘）曲线，我给大家新总结了比较适用的复习黄金时间节点。

第一个复习的时间节点是下课后。

我们下课后可以第一时间利用2—3分钟，把老师上课刚刚讲过的内容巩固一遍。这里要强调的是，要做的不是把书再看一遍，而是在脑海中自己主动回忆一下刚刚课堂上老师讲的内容。一节课40分钟左右，如果我们能抓住时间在下课后立马对知识点进行复习，这大概也就间隔了 20 分钟到 1 个小时，而这个时间区间差不多是艾宾浩斯记忆（遗忘）曲线上遗忘速度最快的一个时间段，记忆的保留量可以直接降到 58% 左右。所以，我们如果能够在这个时间选择复习一下知识内容，记忆就会事半功倍。

复习的黄金时间点

第二个复习的时间节点是当天晚上。

有时候我们会因为种种状况，不能保证一定能够在下课后的 2—3 分钟内对刚学的知识点进行复习，我们也不要纠结，可以在当天晚上进行复习。

晚上的复习又可分为两种。

第一种复习是比较传统的，大家在睡前将当天所学的内容复习一遍。这样复习有一个好处，就是没有后摄干扰。什么是没有后摄干扰？如果我们睡前复习完知识后立马去睡觉，后面不再学习或复习新的内容，就是说不再摄入更多的内容，那么也就没有后面的信息来干扰我们睡前所记住的内容，这就叫没有后摄干扰。在我们的睡眠过程中，我们的大脑会自动帮我们整理睡前所记过的知识，这也是为什么有些问题我们睡前没有想通，可一觉醒来后就茅塞顿开了。

第二种复习是在写作业前，把作业所涉及的学科内容复习一遍。每科作业开始写之前的时间，其实是我们中小学生一个更好的复习时间节点，试想一下，如果我们把要复习的内容全部都集中到睡前来复习，假使一科需要花费 10 分钟，即使只有 5 科，那我们复习起来也要花费至少 50 分钟，这样一算我们就会觉得特别有压力。可如果我们把这 50 分钟分散到写每一门学科的作业之前，压力就显得没有那么大了，而且好像很容易做到。

更重要的一点是，这样还能帮助我们培养一个良好的写作业的习惯。有些同学写作业习惯不好，旁边总是放着资料，看似有不会的地方可以随时查阅资料，但是这种习惯一经养成，到不能随时查阅资料的时候，比如考试的时候，就会变得不适应，影响考试发挥。所以我们在平时写作业的时候就要注意中途不查阅资料。那要是碰到不会的内容怎么办？我们可以在写作业之前，把当天课堂上学过的重难点在脑海中回忆一遍。需要重点回忆哪些内容？我们可以回忆这门课最重要的三个知识点是什么、最重要的三个公式是什么、三个典型例题是什么，等等。

回忆了当天学习的重点难点后再开始写作业，记忆的效果是比较好的，因为：

第一，起到了复习的作用；

第二，养成了良好的写作业的习惯；

第三，写作业的过程中再一次加深巩固了记忆。

第三个复习的时间节点是第二天早上醒来后。

"第二天早上醒来后"相当于艾宾浩斯遗忘（记忆）曲线中"1 天后"的时间节点。如果我们想"严格执行""1 天后"这个时间节点，那会是怎样一种情形？如果今天 11 点的时候我们学习了某些知识内容，那对应地，明天 11 点时我们需要复习这个内容，然而在明天的这个时间点我们未必方便，所以我们通常选择第二天早上醒来的时候来对前一天学习的内容进行复习。一方面是因为这个时间可控，另一方面也是因为在这个时间段复习之前的内容没有前摄干扰。

与我们前面提到的"没有后摄干扰"相似，没有前摄干扰说的是我们早上刚醒来的时候，没有任何新的知识干扰我们要复习的内容，这样我们在回忆的时候效率就会变高，效果也会更好。学校设置的早自习、早读课，其实就是充分抓住了第二天早上醒来的这个时间节点。所以，我们如果有什么重要的内容需要背，可以选择在早读的时间段内记忆。这个时间段非常重要、非常宝贵，大家千万不要浪费了。同时，借助早读的时间对前一天课程中学的知识点进行回顾也是非常有必要的。

第四个复习的时间节点，大家可以选择周末。

在周末的时候，对一周所学的知识进行一个整体的回顾，相当于我们把"一周以后"那个时间节点也抓住了。

第五个复习的时间节点，大家可以选择月末。

接下来，我们可以月末再复习一次，期中考试前将之前的内容复习一次，期末考试前再整体复习一次。当我们按照这么一个时间节奏去复习的时候，我们记忆的保留量和巩固度就完全不一样了，可以把短时记忆变成长时记忆。

一次复习多遍，不如把多遍分成多次

原理很简单，我们计划将某一部分内容复习10遍，如果是1天或1个小时之内反复诵读10遍，不如把这10遍分散到几个时间点去复习，比如我们可以分别安排在20分钟以后、1个小时以后、当天晚上、1天以后、2天以后、一个星期以后、一个月以后……我们这样拆分，就相当于把几个重要的复习时间节点都把握住了，记忆的效率会更高一些。

主动复习

什么是主动复习？有同学认为，主动复习就是自己想起来要复习就看书复习。这只是非常浅层次的主动复习。真正的主动复习是指在脑海里主动回忆和搜索要记忆的内容，比如通过目录来复习，我们通过看目录的标题来回忆章节的重点、难点是什么。这种复习方式相当于再次把我们的神经通路给激活了一遍。我们只是单纯地把知识点看一遍，效果是不明显的，因为我们看一遍，压根不知道自己能不能记住、能不能回忆起来。若我们能在脑海里主动回忆起这些知识，记忆就会比较牢固；若我们想不起这些内容，就说明这些是我们之前疏忽了的点，再看一遍，印象就会比较深刻。所以，我们复习一定要选择主动复习，而不是单纯地拿着笔记本、错题本翻几遍，那样效率是很低的。包括写作业前的复习、下课后的复习，我们都应该采用主动复习的方式。

说到这里，我们还得提到费曼技巧。费曼是纳米科学之父、诺贝尔奖获得者，被认为是爱因斯坦之后最睿智的理论物理学家。他提出的"费曼学习法"，也称费曼技巧，是世界著名的五大学习方法之一，其核心要义是通过复述概念并反馈结果来加强记忆，通俗地讲就是我们将所学的内容，以通俗易懂的语言分享给第三个人听，如果这第三人能够听懂、理解我们所讲述的内容，那就说明我们将这一知识内容融会贯通了，真正学明白了。如果我们的分享别人领会不了，说明我们对知识点的理解不够透彻，需要再思考如何运用更简洁的语言将内容的核心意思表达清楚。这个过程其实就是一个不断消化知识的过程。

所以，我们在学习中不妨试着使用费曼技巧，将所学内容讲给身边的人听，若他们听得懂，就证明你真正掌握了这个知识点。在这个过程中，我们也相当于是在进行主动复习，因为我们用简洁的语言表述知识点时，是主动在脑海中搜索关于这个知识点的记忆。

另外，网上还流传着这样的数据：**边听边看学到的知识，记忆的保留量大概是 50%**（我们上课的时候就属于边听边看，所以知识能够记住 50%）；**如果能够把所学的知识实践一遍，记忆的保留量大概能够提升到 70%**（我们通过晚上做题把知识运用起来，能够记住大约 70%）；**如果把所学的知识点教别人一遍，记忆的保留量能够达到 90%**（之所以老师掌握知识点的牢固程度比学生高很多，是因为老师需要把知识点教给学生，让学生能够掌握）。

所以，各位同学不妨也尝试用这种方式，将学过的知识点用简单的语言向身边的人复述一遍，去强化你脑海中相关的神的通路，这比你单纯看一遍书本的效果要好得多。

观察总结自己的记忆黄金时间

人体有一个隐形的生物钟，它控制着人体随着时间做周期性的生理变化，包括我们的记忆能力。在不同的时刻，人体表现是不一样的，有时候昏昏欲睡，有时候精力充沛，每个人的生物钟不一样，这就导致每个人在不同的时间节点记忆的效率也不一样。

有些人喜欢熬夜，到了晚上思维会特别活跃，这类人我们称之为猫头鹰类型。这种类型的人可以选择在晚上记忆重要的知识内容。艺术家、传媒行业的人往往都是猫头鹰类型的人，他们特别喜欢熬夜搞创作，且晚上他们的创作力爆棚，白天反而会因精力衰退而选择睡觉。

还有一种类型是百灵鸟类型，只在早上、上午的时候精力最旺盛、思路最清晰，一到晚上就犯困、状态不佳。这种类型的人可以选择在早上或上午记忆重要的知识内容。

当然，也不排除有些人下午状态比较好。

所以，根据自身的记忆状况，在记住这几个重要的时间节点的同时结合自己的生物钟特点，做好复习时间规划，真正践行我们在本书中跟大家分享的记忆方法下去。只有真正地行动起来，它们才能发挥作用，才能够帮助我们提高记忆效果，达到科学记忆、科学复习的目的。

最后，祝愿所有的同学都能够——

轻松记忆，高效学习！